情系东南极

方寸见证中国南极战略大转移

王自磐 著

上海远东出版社

图书在版编目(CIP)数据

情系东南极:方寸见证中国南极战略大转移/王自磐著.—上海:
上海远东出版社,2016
ISBN 978 - 7 - 5476 - 1103 - 6

Ⅰ.①情… Ⅱ.①王… Ⅲ.①南极—科学考察—普及读物②日
记—作品集—中国—当代③邮票—世界—图集 Ⅳ.①N816.61 -
49②I267.5③G894.1 - 64

中国版本图书馆 CIP 数据核字(2016)第 107604 号

情系东南极——方寸见证中国南极战略大转移

王自磐 著

责任编辑/李 英 王 含 封面设计/李 廉

出版:上海世纪出版股份有限公司远东出版社
地址:中国上海市钦州南路 81 号
邮编:200235
网址:www.ydbook.com
发行:新华书店 上海远东出版社
　　　上海世纪出版股份有限公司发行中心
制版:南京前锦排版服务有限公司
印刷:上海锦佳印刷有限公司
装订:上海锦佳印刷有限公司

开本:787×1092 1/16 印张:11 字数:179 千字
2016 年 6 月第 1 版 2016 年 6 月第 1 次印刷

ISBN 978 - 7 - 5476 - 1103 - 6/G · 725
定价:89.00 元

勿忘昨天的苦难辉煌，无愧今天的使命担当，不负明天的伟大梦想，在中国特色社会主义伟大道路上，为实现中华民族伟大复兴的中国梦前进

激书习近平总书记讲话 癸巳岁当育田於杭州

◎ 习主席就毛泽东同志诞辰 120 周年座谈会讲话内容，著名书法家苗育田作品

中国南极中山站

◎ 邓小平题词

　　孙中山，原名孙文（1866—1925），中国近代民主革命的伟大先行者，革命家、政治家、理论家，被尊为国父。中山先生首举反封建的旗帜，"起共和而终帝制"，曾任中华民国临时大总统。他创建中国国民党，倡导三民主义，力主联合并支持中国共产党，共同为中华民族的复兴而奋斗！

　　极地事业对于人类进步和文明发展，意义重大。中华民族历史文化悠久，不会置身于极地之外。1984年中国首次组队，依靠自己的力量进行了南极考察，建立了第一个科学考察站——长城站。为实现新的目标，1989年2月又挺进南极圈，在东南极大陆建设了第二个常年科学考察站，命名为"中山站"，以纪念孙中山先生的丰功伟绩。

◎ 纪念孙中山先生诞辰 150 周年

序

自磐同志是我国极地界的老南极,也是创业初期的老兵中少有的至今仍然坚持活跃在南、北极科考现场的科学家。他献身极地,战斗一生——六十岁生日在南极中山站度过,七十华诞在北极点冰海畅游。拥有这样豪迈人生的科学家屈指可数,可敬可佩。

我与自磐同志相识,正是从二十八年前我国首次东南极考察和中山站建站开始。俗话说,"往事如烟"。其实人的一生,多少往事刻骨铭心,亦未曾烟消云散。忆当年,同舟共济,挺进极圈;冰崩突围,患难与共;风雪拼搏,楼起荒野;如烟往事历历在目。很自然,当我接过老王近期完成的这部书稿,讲的就是我们共同经历的那场惊天动地、震撼全国的故事,一瞬间,一种既熟悉又亲近的感觉,油然升起。

正如他书中所言,自从有了中山站,我国整个极地事业发生了质的飞跃。包括中国南极健儿深入大陆冰原腹地,进军格罗夫山开展地外物质(陨石)研究,以及登顶南极冰盖最高点、建设昆仑站、泰山站等等。凡此种种,足见中山站在中华民族极地事业的伟大进程中,具有里程碑的非凡意义。而其间产生的一系列集邮精品,无疑成为了记录共和国走向极地强国,实现南极中国梦的最好见证。

作为纪实文字,书中人物,实名实姓,真人真事,读来有味。浓墨重彩下的一线队员、船员,虽名不见经传,也少为记者们所关注。然而,正是这些默默无闻坚守岗位的普通战士,任劳任怨,百折不挠,处险不惊,攻坚夺关,如同一块块有棱有角,刚强坚固的基石,浇筑起南极大厦的辉煌。也正是这些当年的无名之辈,十年磨砺,终成国之栋梁:知名科学家、航海家、建筑家、美术家、表演艺术家。岁月峥嵘,往事如潮,书中留下的正是他们当年磨练与奋斗的足迹!

国内书市,有关南极的图书甚多,令人欣慰之余,也颇有内容雷同,形式单调之虞。本书除了素材新颖鲜为人知,个性人物情感丰沛,故事情节跌宕起伏之外,尤其突出的特点是全书始终以与极地科考密切相关的纪念封、明信片和邮票等精美集邮品,作为内连外接的红线,图文并茂,使全书的可读性、知识性与趣味性陡增。那些沐浴于冰雪阳光而又豪情满怀的诗画佳作与集邮珍品,不仅刻录着当年建站的艰辛与革命乐观主义精神,也强烈地散发出中国知识分子敬业为国,无私奉献的感人气质。

当前,中国正处于彻底改变民族命运和改写人类文明历史的关键时刻,我们将继承民主革命先驱中山先生的伟大遗志,在中国共产党的坚强领导下,以举国之力为实现民族复兴伟业而奋斗。极地科考已经成为展示全国人民空前凝聚力和伟大创造力的全新历史舞台。我们不仅将重铸曾经拥有的辉煌,更将攀登前所未有的时代高峰。中华民族必将以一流强国自立于世界民族之林。

历史将永远铭记所有为振兴中华伟业做出贡献的人们。

魏文良

2016 年 2 月 10 日

魏文良

国家海洋局极地考察办公室原党委书记,"极地"号科学考察船功勋船长,全国先进工作者,中国航海终身贡献奖获得者,曾担任中国首次东南极考察和中国第 6、7、8、9 次南极考察"极地"号船长,第 11、18、19、22、24、27 次南极考察队副领队、领队、顾问。现任中国极地研究中心顾问,北京极地集邮协会创会会长。

目录

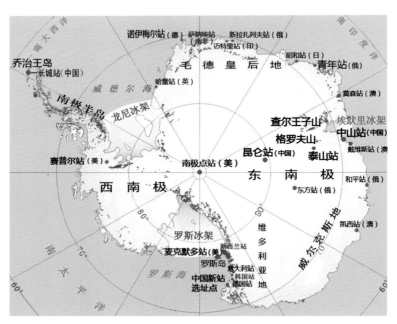

◎ 中国南极科学考察由西向东：1985 年西南极（乔治王岛）长城站，1988 年挥师东
进。从此，东南极大陆冰原成为中华儿女展示科学考察智慧和实力的主战场，中山
站、泰山站、昆仑站，以及即将开始的南极横断山山麓下，罗斯海海岸难言岛建设的
中国新站等

参考《中国首次东南极考察暨中山站建站纪念 20 周年》个性化邮票邮折

地图来源：武汉大学中国南极测绘研究中心

前言·谋定而动

中国积极筹建南极大陆科学考察站,是国家推进极地事业发展规划中极为重要的战略布局,也是中华民族南极考察进程中一个非常关键的环节。自1985年2月在西南极乔治王岛建成第一个科考基地南极长城站之后,中国随即被接纳为"南极条约协商会议"成员国,从此,结束了中国人在国际南极事务中没有发言权的历史。于是有人说,建站目的达到,见好就收。也有人认为,南极荒芜冰原于国家经济无益,万里迢迢劳民伤财,没有必要。然而,有着七千年悠久历史,曾为人类文明发展有过巨大贡献的中华民族,必将为人类和平利用南极做出应有的贡献。尤其,南极大陆乃大国冰原逐鹿的主战场,作为世界性大国,中国绝不能置身于外。国家有关部门与科学界有识之士对中国南极考察战略大转移了然于胸,目标直指自然环境与气候条件更为恶劣艰险,而科学意义与国家权益更为重要的南极冰雪大陆高原。

◎ 中国第一个南极科考基地——长城站,建于南极圈外的乔治王岛(图中红色五星处)

◎ 缅怀革命先驱（中国香港 2006，孙中山诞辰 140 周年极限明信片）

1988 年 6 月 20 日，原国家南极考察委员会与国家科学技术委员会、外交部、国家海洋局等，联合向国务院提交了《关于在东南极大陆建立我国第二个南极考察站的请示》，报告提出，为深入研究南极，维护我国权益，应尽早在东南极大陆建立科学考察站。同时，为纪念伟大的民主革命先驱孙中山先生，团结全球炎黄子孙，弘扬民族精神，推进中华民族复兴伟业，拟将新站命名为"中国南极中山站"。7 月 27 日，国务院批准了报告和中山站建站方案。而此前在 1987 年秋，原国家南极考察委员会办公室（国家海洋局极地考察办公室前身）曾组织专家，就我国在南极大陆建设新站的选址问题进行了研讨。会议分为三个专家组，分别提出若干备选方案。其中，拉斯曼丘陵建站方案，即为我和颜其德（时任中国极地研究所党委书记）小组提出。因我先前在南极戴维斯站越冬期间，曾到过拉斯曼丘陵，也搜集了一些该地区的相关资料，这使我们的方案在综合评估与可行性方面的论证中，显得较为充分而胜出。

中山站建设的成功，是决定我国南极考察向东南极大陆实现战略大转移的关键一步。中山站的建成为我国后续进行南极全方位综合科考与研究提供了可靠的后勤保障与技术平台，成为我国深入冰原腹地，实现登顶南极大陆最高点和建设昆仑站，并进行全球气候与太空研究等重大科考项目的坚实大本营。

历史将铭记我国南极勇士们在积极进取与不断开拓中，为建设极地强国和实现民族复兴伟业所作出的努力与贡献。而极地考察与探险中产生的各种邮件与邮品，"在客观上成为极地探险人文历史的真实写照，并在事实上，形成记录极地科学发展和国际极地事务的重要文献档案。"（周良，2010 版《邮票图说南极探险》序言二）。世界各国似乎约定俗成，每年伴随南极活动而发行具有历史意义的系列集邮票品，极大地推进了极地集邮文化的发展，并在世界邮坛上独树一帜，形成非同寻常的专题领域。本书所展示的是，以首次东南极考察和中山站建站为重点,包含以中山站为桥头堡,在进军冰雪高原的奋勇搏杀中逐渐形成的众多流光溢彩的集邮精品,解读我国南极考察史上这段极具风险的特殊经历,讲述许多发生在当时而迄今人所未闻的传奇故事,介绍那些邮品的身世及其不为人知的背后事件。这些,正是本书丰富的内涵和魅力,及其与众不同的表现形式和社会价值之所在。

作者

2016 年 1 月 21 日

01. 挥师东进出精兵

1988年11月20日,星期日。朗朗晴空,阳光明媚。

海风送来略带咸味儿的清新空气,祝福人们迎来又一个成果丰硕的劳作日,开始又一天美好记忆的新生活。青岛国家海洋局北海分局码头,"极地"号科学考察船彩旗满挂,装扮一新,与其说像一位出嫁的新娘,毋宁说如同戎装在身,行将出征的勇士。中国首次东南极考察队全体队员,整装待发,将同舟共济为谱写中华民族极地事业的历史新篇章而远航。

办公楼至码头的道路两侧,一夜之间鲜花盛开,正对"极地"号船停泊位的小广场上方,一道红色横幅凌空挂起,"热烈欢送中国东南极考察队赴南极大陆建设中国南极中山站大会"一行白字十分醒目。横幅下,几排长桌,铺着淡蓝色台布,朴素而庄重,正前中央,中国民主革命先驱孙中山先生画像安详而端庄,让人肃然起敬。

上午8时30分,考察队员家属、亲友,以及单位人员纷纷进

◎ 青岛港码头,欢送"极地"号出征

◎ 屈武先生题词"纪念辛亥革命八十周年"实寄封(中国集邮网)

场,各位首长和领导陆续入席,在与考察队员合影之后,启航欢送仪式开始。大会由国家南极考察委员会副主任钱志宏主持,92岁高龄的中国国民党革命委员会主席屈武出席。国家南极考察委员会主任武衡致词,并向中国首次东南极考察队总指挥陈德鸿授国旗,国家科委副主任李绪鄂将刻有邓小平同志亲笔题词(11月12日)的"中国南极中山站"站名铜牌授予考察队副队长高钦泉。本次东南极考察队由116人组成,其中考察队员76人,"极地"号船员40人。国家海洋局副局长陈德鸿任总指挥,郭琨任考察队队长,魏文良任"极地"号船长。而此刻,郭琨队长已与翻译李占生一起飞往澳大利亚,就建站事宜与澳方南极局沟通,寻求澳方支持。

◎ 欢送极地号船出征东南极

9时50分,"极地"号汽笛长鸣,踏上征途。

我没有新队员第一次远航那种冲向大海的激情,也无与岸上亲友不停挥舞的肢体动作。传给大脑的,不是喧嚣的锣鼓响,和震彻空间的汽笛声,而是新生儿第一次啼哭的声嘶力竭、医护们的欣喜若狂与产房器皿碰撞出的生命组合交响曲。

考察队为确保极地船在当日准时启航出发,已经明令不许任何考察队员和船员请假离港。因而,要想去码头外邮局寄一封名副其实的启航纪念信封,堪比登天,既不能亲自跑出港外,也没有可托咐的熟人代办。我庆幸自己作为本次考察与建站纪念封的直接设计者和制作参与人,近水楼台先得月,在前一日下午稍晚些时候,请假专程赶到港区外的原青岛一支局,赶在邮局职工下班前投寄出两枚考察纪念封挂号邮件。时机把握得刚好,此刻邮局人员按惯例已将邮戳日期更换为第二天,也就是11月20日,信封挂号签条号码分别为009和010。这是盖有考察纪念戳的"中国首次东南极考察纪念封",经邮政局收寄走向社会的第一份邮品。

◎ "极地"号船启航日(1988年11月20日)最早经青岛邮政一支局挂号实寄的中国首次东南极考察纪念封,封背落地戳(下):杭州12支局11月25日

02. 受命青岛邮政局

两天前,即 11 月 18 日,初冬的青岛港,海风习习,凉意阵阵。阳光普照齐鲁大地。除了本地人,绝大部分外地参加中国首次东南极考察的人员,已陆续抵达青岛,赶赴国家海洋局北海分局船大队码头,并登上早已停泊在那里的"极地"号考察船,先报到,后入住各自的舱室。码头正对的是分局船大队四层办公楼,楼外通道,绿树成荫,彩旗飘扬,车来人往,好不热闹。

刚吃完早餐,忽闻船上广播通知,让我马上下船进城执行任务。我顺着舷梯刚下到地面,就听见码头边上一辆北京吉普上传来一位女士的招呼声:"老王上车!"我立即三步并作两步走,拉开车门往后排空位一坐,发现前排副驾位上是身着略带青色的乳白风衣的年轻女士,国家南考委办公室办事员徐曙光;后排我身边座位上是一位理着短发不曾相识的中年男子。徐曙光是我这些年常打交道的老熟人,尤其今年自八月份以来,为这次中山站考察与建站纪念封设计制作一事,电话、传真,来来往往没少联系。她一见我就说:"老王,咱们这就去城里邮局拿

◎ 当年青岛市邮政局街景

邮戳。"我随即应声："好嘞!"车已发动,紧接着,车就离开码头,直奔港区大门出口。

路上,小徐指着我邻座的那位介绍说:"国务院国家机关工委的胡副处长,胡冀援,以后你们一起负责中山站邮局的事儿。"中年男子微笑着向我点了点头:"早听说过您了,澳大利亚南极站越过冬,期待今后合作愉快!""一定,一定!"说罢,相互握握手,算是认识了。

◎ 南极中山站邮局局名铜牌

车子在城里左拐右拐。我认不得路,也不去关心车怎么走,只和小徐东拉西扯闲聊,胡处长因尚不熟,只是闷坐着很少插话。大约半个小时行程,吉普车从热闹的大街拐入一侧的支路便进入了挂有青岛市邮政局牌子的一个大院。我们下车走进办公楼一楼大厅,小徐去联系,不久,市局的一位人员手上端着个小纸箱向我们走来,小徐手里拿着一块长方形铜皮名牌跟在后面。小徐介绍接待我们的是市局邮政业务科负责同志,四五十岁,人挺和蔼,告诉我们邮电部(1988)邮部字441 号文和邮政总局(1988)邮部字 152 号文,同意设立中国南极中山站邮政局,并依据邮政总局的委托和授权,将南极中山站邮政局开业所需的邮戳、油墨和油墨盘、胶皮垫,以及邮票和"中国南极中山站邮政局"名牌等邮政用品、用具,移交给南极考察队指定人员。接着,又简要讲解了邮政业务与邮戳使用注意事项,例如,邮政日戳要按规定使用,盖戳时一定不要敲到油墨盘的金属边,以免损坏邮戳等等。当他听小徐说我是个集邮爱好者时,便笑着说:"你一定经常盖戳,肯定会用好的!"最后交代我们考察结束撤回时,要全部带回国交还青岛市邮政局。整

◎ 首次东南极考察队队报《极地之声》第 1 期,刊登了国家南极考察委员会武衡主任和国家海洋局罗钰如局长的贺词与发刊词(小报规格:标准 A3 纸大小,双面复印)

个交接过程十分简洁、干练,不到半个小时便结束。致谢,道别,上车返港,给人留下清淅、深刻的印象。

回到码头,小徐依据我负责考察队全部纪念封盖戳任务的需要,指定由我保管中山站邮戳及油墨盘、油墨和胶皮垫等用具,而中山站邮局名牌和邮票等则由胡冀援负责保管。自那时起,首次在南极大陆设立我国中山站邮政局的这些邮政用具,一直就分别保管在我和胡冀援的手上。而最后,因我继续留守中山站进行越冬,在考察队撤离南极时,根据考察队长郭琨的亲自交代,我将手中使用和保管的中山站邮局日戳、胶皮垫、油墨盘等几样用具一并上交给队里带回国内。

　　胡冀援先生起先的主要工作之一是编写出版考察队队报《极地之声》和《中国首次东南极考察暨中山站建站纪实》大型画册的绘编等。队报《极地之声》，是在中国第三次南极考察期间创刊的。当时，我既是大洋科考班成员，同时也是考察队宣传组成员，担任队报责任主编。因而，本次考察队也让我协助老胡办报。后因考察队里来了一大帮记者和艺术家，个个能写善画，再加上后来我又奉命经常上艇作业，没能参与具体编报工作，小报基本上就由胡冀援一手编印，前后共出版了 17 期。胡的强项是绘画，因而实际出报，除了简要文字报道即时信息和领导关怀、队员表决心之外，小报基本以绘画、诗文为主，尤其在南极建站事务，更是如此。不过，胡冀援搞纪实画册，也确实不愧为好创举，称得上为本次考察增添了一份有鲜明特色的文史档案。

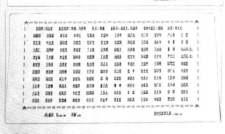

◎ 1986 年至 1987 年中国第三次南极考察期间，笔者编印队报《极地之声》，记录了"极地"号船的首次南极航迹

◎《穿越赤道纪念》和《进入南极圈纪念》邮折,胡冀援设计,对折后规格：185×100 mm

　　胡冀援还为考察队设计制作了《穿越赤道纪念》和《进入南极圈纪念》两种邮折,人手一份,很有收藏意义。不过,与本次考察活动的历史意义与难得机会相比,邮折的尺寸大小与设计格调,白底黑字,显得略为简单朴素了一些。

03. 烽火急送建站封

11 月 19 日星期六。按照事先约定,浙江省邮票公司副经理张光坤先生和公司邮品设计家谢海清及驾驶员孔凡和一行三人,将押运专为本次东南极考察和建站特制的纪念封抵达分局码头。二十多年前人们哪能像现在这样,人人一部手机,随时可以相互联系,跟踪双方动态和境遇。时过晌午,仍不见人影。我心中忐忑,始终未敢离船一步,盼送封人即刻出现,怕节外生枝出现意外,不断走到船舷边,又时不时向码头眺望。

午后三点来钟,我正靠着床头打盹,似乎感觉风浪骤起,船体摇晃……原来是同单位同舱室的队友茹荣忠,正使劲儿地推我:"哎!醒醒。你等的人和货来啦!"我睡眼惺忪,一个熟识的身影笑眯眯地站在我的床前:"对不住啊,王老师,把你弄醒了!"我赶紧坐起身,定神一看,正是前一段没少打交道的老谢:"不好意思!上午一直等你们,都没敢离开一步。"

我意识到他们几位为了赶路,怕是连午

◎ 中山站建站纪念封彩印样稿(1988 年 11 月 01 日交验)

饭都没吃。于是，让他们先稍事休息："我去给你们弄点吃的来！"说着便匆匆赶去厨房。大厨听说是给考察队送纪念封来的客人，立马弄了一盘花生米，一盘红烧牛肉，外加一盘素菜，我顺手又抓了几个大馒头，提了几瓶"金岛"啤酒，快步回到房间。谢、张三人看来是真饿了，开瓶就喝，抓来就吃，狼吞虎咽。"慢点！别噎着了。"我笑着说，并在床沿坐下。这时才发现舱室内靠门处已摆起鼓鼓囊囊五个邮政专用帆布大袋。老谢猛喝了好几口啤酒，连声大嚷："爽！爽！"我问他们一路是否顺利，谢答："我还算可以，就是他俩吐得够呛。"

原来，那天孔师傅驾着公司小巴，张和谢护着邮袋先到上海，而后在上海市集邮公司的协助下，转经海路客运，日夜兼程，连人带货赶至青岛。张副经理接过话头边说边摇着头："真怕出意外，若是耽搁时间今天赶不到，等明日你们考察船一早走了，那麻烦就大了！""那你们干脆在青岛就地把纪念封大甩卖算了！"我开玩笑地说。老张听了还认起真来："几万只封，贴那么贵的邮票，南极不盖戳，谁会要呢?!"那倒是，光邮票面值就1.1元，在当时国内职工普遍月工资水平才几十元的情况下，确实够贵，卖不掉是完全可能的。

根据交接清单，这批需要带到南极销票盖戳的"中国首次东南极考察暨中山站建站纪念封"，分装五只大邮袋另加一个中号牛皮信封。帆布大邮袋全用邮政专用铅夹头封死，也就没有打开，再说这几万只信封没时间也没场地清点，就凭双方的信任，按老谢提供的数字共 27 960 枚纪念封，仅十几分钟时间就完成了交接。

我既是双方合作的牵线人，又是让这数万只空白信封转化为具有重要历史意义的南极事件纪念邮品的实施者，责任虽重但很开心。当然，北京南极考察办公室徐曙光女士、浙江省邮票公司张光坤、谢海清，以及后来从南极返回时前来接封的陆模俊等，同为事件的经办人与历史的见证人。

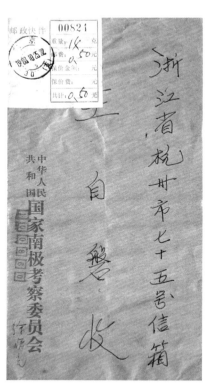

◎ 国家南极委南极考察办公室请作者代收，并转交浙江省集邮公司制作东南极考察与建站纪念封的挂号邮件，北京 1988 年 10 月 25 日寄出

事情得从 1988 年 9 月上旬某日说起。小徐与我在电话讨论有关杭州叉车厂赞助一辆新型叉车和杭州胡庆余堂赞助"西洋参口服液"诸事中，谈起南极考察纪念封，建队以来每次都临时找人制作，每次都要折腾一番。因而，南极办希望这次能找一家邮品设计制作正规厂家，以便建立长期合作关系，并问我杭州有无这样的合适单位。后经联系，得知浙江省邮票公司有此意向，我便将信息电告了徐曙光。随后，经穿针引线，双方很快达成了制作发行本次东南极考察与中山站建站纪念封一事的合作意向。

不久，我收到了小徐 9 月 19 日发出的信函，信中明确地提出以下几条。1. 邮电部已经同意在中山站设立邮局，邮政日戳限定日期为"1989. 2. 28—3. 5"；2. 邮电部届时将发行邮资封一枚，而中国集邮总公司并无发行纪念封的计划；3. 提出刻制考察、建站纪念戳的要求；4. 考察队需要的纪念封数量在 3 000～3 500 枚；5. 参考首次队纪念封的发行量和销售量情况，建议浙江省邮票公司考虑 5 万枚的印量；6. 根据印量和定价，以及成本因素等对双方利益分成提出初步建议；7. 协议由浙江省邮票公司和国家南极考察委员会办公室签订；8. 今后长期合作的有关事项等。

最后的双边协议小徐委托由我代为起草，后经双方领导审阅通过，并由双方单位盖章生效。协议签订之前，应浙江省邮票公司提出的要求，十月二十二日，国家南极考察委员会办公室向浙江省邮票公司寄交了正式的委托书。

小徐根据办公室领导的意见，将有关这次东南极考察与建站的纪念封和纪念戳

◎ 印制"中山站建站纪念封"委托书

的设计,交由我负责完成,封、戳设计初稿在青岛集训时提请郭主任等领导审阅同意即可。去南极之后,邮戳及纪念封销票盖戳的事儿也指定由我负责。事实上,这就等于南极办授权予我,负责完成这次南极考察和建站期间考察队所需官方纪念封的工作。

关于纪念封的设计,我的思路是,既然在东南极考察与建站,纪念封理应体现那种典型的东南极冰雪大陆风光与特色,譬如,大冰山、帝企鹅等。我翻阅了当年戴维斯站越冬期间拍摄的照片,选择了我 1983 年 12 月在莫森站拍摄的两只帝企鹅站立在海边冰山上的画面。大约 10 月上旬,在征得北京南极办公室的同意后,我把纪念封的设计画稿,包括正反面文字排列和尺寸,连同那张在霍巴特用 135 反转片冲印好的大彩照(20×27.5 mm),交给了浙江省邮票公司美工设计谢海清手上。谁知后来设计信封在裁切时,刀锋竟直落原版片上,真如同剜肉,让我好一阵子心疼。20 世纪八十年代国内还没有几家图片社能冲印反转片彩照,尤其大尺寸彩片价格可是不菲。

◎ 中山站考察与建站纪念封设计备用样稿之一

11 月 1 日,老谢打来电话,约我一起去印刷厂看看纪念封样稿。午后,我如约赶到杭州红旗印刷厂,这是当时杭州为数不多的几家能做电子分色彩印的厂家之一,也是省邮票公司定点合作厂家。样稿图案与色彩没有什么问题,文字主要是英文有小错误,我看后随即在样稿上作了修正。一星期之后纪念封正式开印,我又一次赶到厂里看样稿,确认无误便签字同意开印。笔者在几次前往厂家查验印刷质量的过程中,收集了分色印刷过程中形成的红、绿、蓝等不同着色样稿,并按规格裁制成纪念封带往南极,先后实寄回国,成为不可多得而又别有趣味的集邮佳品。

有关纪念戳的设计,鉴于考察和建站两项任务虽有联系,但仍然涵盖不同内容,任务性质也有所区别,因而,就按两者的任务性质和特点设计成两枚。根据我在戴维斯站期间的直观感觉和经验,中国首次东南极考察期间也会遇到冰上运货等情景。依据这一设想,在确定考察纪念封主图案采用一对帝企鹅照片之后,正好把原考察纪念封的设计图案,直接用来制作考察纪念戳,于是就出现了南极夏季海冰卸货和直升飞机吊运的真实景观。另一枚是中山站建站纪念戳,以极圈环绕的南极大陆为背景,衬托高架式考察站建筑为主题图案,体现出东南极冰雪大陆最典型的自然环境与生态特征。

◎ 中山站考察与建站纪念封图案备用设计稿之二,后图案用于首次东南极考察纪念戳

◎ 首次东南极考察纪念戳制版样稿

04. 闲庭信步越赤道

11 月 29 日晨,东方海空相连,黎明的曙光将之染成亮紫色一片。

时钟指向 6 点正,远航的巨轮一声汽笛响彻苍穹,耀眼的信号弹,拖曳着尾烟,划破长空。顷刻间,"极地"号船艏舰艉,甲板上下,锣鼓齐鸣,鞭炮飞天;直升机停机坪旁,一群迫不及待的"魔王""海怪",纷纷扭动出笼,个个獠牙青面,狂欢乱舞不止。这是远洋航船穿越赤道时传统而独特的仪式。围在一旁的众看客,个个笑得前伏后仰,乐不可支。欢快之余,考察队员们最为期待的,还是"老九胡彪"手里拿着的那一大叠"金票",即胡冀援手中的《穿越赤道纪念》邮折。无疑,中国首次东南极考察暨南极中山站建站,来世今生,古今中外,绝对就此一回,首越赤道也仅此一遭。由此看来,当初林海雪原威虎厅里三爷认定那张"联络图",似"无价之宝",而今我们这张邮折,百十号兄弟人手一份,世间存量至多 116 份,往后如若谁手头有点紧的话,备不住也能兑换成百元大钞,到时候就怕你舍不得。

◎《穿越赤道纪念》邮折(内页)

这份"穿越赤道纪念"邮折,折子封面正中下方印有 CHINARE(中国南极考察队英文缩写)的圆形队标;内页主题图案为,以白色地球经度线和世界 7 大洲轮廓线为背景,"极地"船正乘风破浪,沿赤道航行;内页右文字留有往返穿越赤道的时间和经度，以备实时填写，右下角自上而下分别为考察队总指挥、考察队长和极地号船长的签名。老胡给折子贴上了大龙邮票，位于内页的中右上角，认认真真，端端正正。接下来是销票、盖纪念戳，这可是个技术活，必须盖一个是一个，保证不出错。因为邮戳和纪念戳都在我手中，老胡便顺水推舟地说："你的地盘你做主！"得！就这么一句话，这差使便统统被赶入了我的"势力范围"，我也不谦让，一并"笑纳"，小试牛刀。好在我集邮多年，而近来又经常参加省、市集邮协会活动制作集邮品，盖戳无数，包括邮戳，多少算有一定功底。老胡也挺上路的，多给了两张，算是保险系数。事实上，百十来张东西，对我真不在话下，过赤道之前一个晚上就"清场"，完璧归赵，绝无瑕疵。至此，老胡算是长了见识，说我是标准的邮政人员不假。而我心里还没敢跟他实说："少张扬，大工程还在后头呐！"话至口边还是给咽了回去。

如今回过头来，重新欣赏这件所谓的珍品和历史见证，还真是发现了其中"可圈可点"之处。中国人有句话叫做："世界上怕就怕认真二字。"

先说"是"处：1988 戊辰年龙票，没问题，"中国首次东南极考察纪念"和"中国南极中山站建站纪念"两枚纪念戳，时间跨度为 1988—1989，使用有效期限没有问题。再来说"不是"处：邮政日戳的使用和销票，本次配

◎ 中国首次东南极考察中山站建站纪念戳

用的邮戳属于限时和限定邮局使用的双限定性质。但是过赤道的时间节点，无论是去南极途中还是归来途中，均不在本邮戳使用限定日期之内。因此，从邮政日戳的严肃性上讲，无论提前使用还是滞后，均属违规，尤其"限时"日戳，只能在限定时段内使用有效。同样，包括后来出现的"进南极圈纪念"邮折，也有违规之嫌。如此看来，这两种邮折到底应属于违规废品还是集邮珍品，只能"仁者见仁，智者

见智"了。

事实上,现在人们所见到的极地集邮品,可谓五花八门,使用固定限时邮戳往往使一些邮品不伦不类,甚至破绽百出。纵观世界众多南极国家考察站的邮政日戳,均无"限时"一说,唯我独家,只能算是我们的所谓"特色"吧。

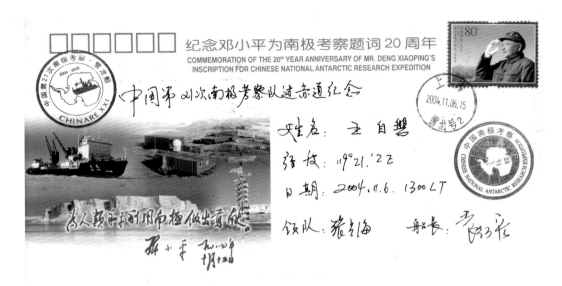

◎ 中国第21次南极考察队过赤道证书,领队和船长签发(纪念封主题词:纪念邓小平南极题词20周年,图案:雪龙船和中山站站景,上海市邮政局浦东新区局集邮公司发行,编号 SPJF 2004－10)

05. 南极黄埔与 AAD

"极地"号考察船一路顺风顺水,跨越了赤道,紧接着,乘风破浪,向东绕行巴布亚新几内亚东部海域,平稳穿越所罗门群岛,之后,径直南下航向澳大利亚东部海岸。1988 年 12 月 7 日,终于到达澳大利亚东南部最大海岛塔斯马尼亚,歇脚霍巴特港。

霍巴特市为塔斯马尼亚州州府所在地,位于岛东南部的德文特河口,建于 1825 年,是澳大利亚仅次于悉尼的具有悠久历史的老城。1642 年,荷兰人塔斯曼远航南太平洋探险时首先发现该岛,至 1802 年英国海军上尉鲍温登岛,翌年即宣布为英国殖民地,并初建城廓,一度将此处作为英国和爱尔兰流放罪犯的转送站。霍巴特城,环山面海,风景秀丽,四季分明。环城山脉主峰海拔 1 270 米,冬季,群峰银装素裹,白雪皑皑,夏季,山中林海茫茫,瀑布飞泻,是登山旅游胜地。尤其,德文特河口是世界第二深水河口,使之成为天然深水良港,万吨巨轮可直泊市区深水码头。

◎ 中国最先登陆南极大陆的两位科学家,南极"黄埔一期"董兆乾
(左一)和张青松(左三),1980 年 1 月首次赴南极前在澳南极局训练

◎ 霍巴特 Sandy Bay 南极局招待所,当年"南极黄埔"宿舍。1985 年 4 月,笔者与秦大河结束南极越冬后返回霍巴特,在宿舍院前合影

　　霍巴特市虽为区域政治、经济、文化中心和交通枢纽,然而,真正使之快速发展,并闻名于世的还是它作为国际南极重镇的身份与功能。霍巴特在历史上曾经是各国南大洋捕鲸和猎杀海豹活动的重要补给基地,也是销售鲸类和海豹的国际贸易中心。战后,霍巴特港发展成为澳大利亚和各国南极探险队进军南极的大本营。澳大利亚联邦政府工业与环境资源部旗下专司南极事务的南极局(Australia Antarctic Division,缩写 AAD)总部就设在霍巴特市南部的金斯顿镇。AAD 既是澳大利亚南极事务决策、指挥中心,也是南极考察的组织和实施基地,同时还设有南极生物、地质、高空大气物理和气象等研究部门。南极局的科学家和霍巴特市塔斯马尼亚大学南极中心,以及墨尔本的莫纳什大学等高校、科研所共同组成

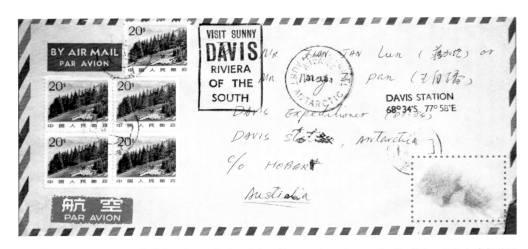

◎ "黄埔"二期吕培顶给三期蒋家念经和四期的王自磐写信(1984 年 1 月 31 日收到),封右下角红色虚框处原贴有高面值邮票一枚(40×30),在信件国内销票后的邮路中被人揭走

澳大利亚南极科学研究的主导力量。澳大利亚在国际南极事务中扮演着重要角色，南极条约组织的许多国际会议经常在此举行，使霍巴特跃升为世界级南极事务中心。

霍巴特，也是最让中国许多"老南极"情有独钟的地方。原因是在中国南极事业的起步阶段，澳大利亚南极局在帮助中国培养南极考察人才方面，曾有

◎ "黄埔"三期钱嵩林结束越冬，1984 年 1 月，乘"NANOK. S"号船返回，途经戴维斯站时与笔者合影（国家邮政局黄山迎客松邮资明信片，雪龙船邮局 2004. 10. 29 日戳）

过非同寻常的贡献。从 1978 年至 1988 年的十余年间，澳方连续多批次邀请我国冰川、生物、生物地球化学、高空物理等不同学科专业的科学家，或赴南极站或登考察船，参加该国的南极海、陆科学考察。因此，在我国独立自主开展南极考察活动之前至初期，先后有十八位中国科学家和技术人员加入该国考察队赴南极学习取经。国内南极同行们将这些老兵戏称南极"黄埔"，前后共八期。其中，"黄埔"一期有董兆乾（1980 年 12 月—1981 年 05 月，Nella Dan 船）和张青松（1980 年 12 月—1982 年 01 月，Davis 站）；二期谢自楚（1981 年 11 月—1983 年 08 月，Casey 站）、卞林根（1981 年 11 月—1983 年 03 月，Mawson 站）、吕培顶（1981 年 11 月—1983 年 06 月，Davis 站），以及颜其德（1981 年 11 月—1982 年 04 月，Nella Dan 船）；三期钱嵩林（1982 年 10 月—1984 年 05 月，Casey 站）、蒋加伦（1982 年 10 月—1984 年 06 月，Davis 站）；四期秦大河（1983 年 09 月—1985 年 10 月，Casey

站)、王自磐(1983 年 09 月—1985 年 07 月,Davis 站)和曹冲(1983 年 09 月—1985 年 07 月,Davis 站);五期林建平(1984 年 11 月—1986 年 03 月,Davis 站)、韩健康(1984 年 11 月—1986 年 03 月,Casey 站);六期徐鲁强(1985 年 12 月—1988 年 03 月,Davis 站)和奚迪龙(1985 年 12 月—1987 年 05 月,Casey 站);七期李军(1986 年 09 月—1988 年 07 月,Casey 站)和滕征光(1986 年 10 月—1987 年 01 月,Ice bird 船),以及末尾八期杨和福(1987 年 11 月—1989 年 07 月,Davis 站)等。

◎ 作者给国内家人的信(上),1984 年 1 月 2 日戴维斯站发,杭州 2 月 20 日收;曹冲国内家信(下),新乡 1984 年 1 月 18 日发,戴维斯站 2 月 17 日收

上述人员中,董、颜和滕三位登船参加长达数月至半年之久的南极海洋考察或冰区航行培训,其他多数人参加澳大利亚南极考察队,分赴 AAD 建于南极冰原大陆不同地段的考察站参加越冬,而回国之前也都会在澳大利亚南极局继续工作一段时间,以完成实验结果的分析和论文报告的撰写。

除澳系"南极黄埔"之外,当年我国还有不少学者应邀分赴美、新、日、智利等国,参加各国的南极考察。他们是:叶德赞、王声远(1981 年 11 月—1982 年 01

月,新西兰斯科特站);曹昌华(1981年11月—1982年01月,美国极点站);陈善敏、宁修仁(1982年11月—1983年01月,智利费雷站);陈时华(1983年11月—1984年01月,日本白凤丸号船南大洋考察);魏江春、董金海(1983年11月—1984年02月,智利费雷站);王永恒(1983年11月—1985年01月,阿根廷布朗海军上将站越冬);李华梅、许昌(1983年11月—1984年01月,新西兰斯科特站);王荣(1983年12月—1984年02月,阿根廷尤巴尼站);张富元、陈廷愚(1984年11月—1985年01月,新西兰斯科特站);高登义、李果(1984年11月—1985年04月,日本昭和站);陆保仁、陈万青(1985年01月—1985年03月,智利费雷站);吴宝玲、高耀亭(1985年01月—1985年02月,智利费雷站);苗育田(1985年02月—1985年03月,美国极星号船威尔克斯海域海洋考察);杨惠根(1992年11月—1994年03月,日本昭和站越冬,现任中国极地研究中心主任)。

显然,这些专家学者学成归来后,绝大多数成为我国极地事业的骨干力量,并为民族极地事业的开创与发展作出了重要贡献。

黄埔军校是中山先生革命生涯中极其伟大的创举,也是其最为辉煌的历史记录。"黄埔"促进了国共合作,是培养大批革命干部的摇篮,意义深远。

◎ 秦大河从凯西站写信给国内战友,(1984年11月16日凯西站发,1985年1月8日兰州收)

"黄埔"更是一种精神。我国早期投身南极的朋友们以"黄埔"为荣,不仅是对中山先生的仰慕,更体现新时期中国科研人员励志图进,继承革命遗志,为实现民族复兴,构筑南极中国梦而奋斗与献身的伟大精神。

◎ 徐鲁强和李军分别从戴维斯站(上,1987 年 1 月 17 日销票,加盖 6 月 21 日南极仲冬节日戳,封背 11 月 25 日戴维斯邮局新戳)和凯西站(下,1987 年 12 月 31 日)发来南极纪念封

澳大利亚的南极事业起步较早,除得益于地理优势之外,另一重要原因是作为英联邦成员而受到宗主国英国的"传帮带"。曾经的老牌殖民大国英国,早在

◎ 澳大利亚 1954 年发行南极邮票与首日封(挂号实寄封),邮票与信封图案均清晰标明澳属南极领土范围和位置

1908年就提出对南极领土的声索要求。1926年英国议会确认了英国在东南极大陆占将近五分之二的广袤冰原的主权(分为 45°E～136°E 和 142°E～160°E 两处)。1933年英国枢密院又通过一项决议案,将其中面积较大的那片领地转于澳大利亚。同年6月11日,澳大利亚通过南极领土接受法确认了继承权。而作为世界邮政和邮票最早发源地的英国,同样是世界集邮大国,英国人的这一文化传统照样在极地集邮领域发挥得淋漓尽致。而澳大利亚与英国一样,每年发行一组甚至多组南极题材邮票,包括一系列与之配套的首日封和显示各不相同的南极考察基地与自然风光特色的封、片、戳。澳大利亚"南极人"对此津津乐道,无疑也让中国南极"黄埔生"深受"熏陶"而对南极集邮票品爱不释手,并对极地邮政体现国家主权感受至深。

　　中澳两国因为有了这一层关系,因而在南极国际事务方面也经常相互理解,

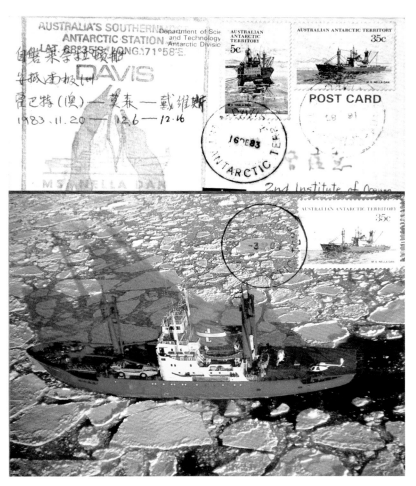

◎ 澳大利亚"奈拉丹"号南极考察船极限明信片(实寄),我国早期参加澳大利亚南极考察的多数人员都曾乘该船往返南极

相互支持,关系十分融洽。澳大利亚南极局在中国筹划和实施南极中山站建站期间,一如既往地给予了热情关照和帮助,不仅在选址方面提供了许多非常有价值的信息和资料,而且特地为郭琨先遣组提前赶赴拉斯曼丘陵进行实地探查提供了交通等多方面的方便。

我方队员在上岸第二天,乘车来到了霍巴特市南面环境优美的金斯顿镇,参观访问澳大利亚南极局。在总部大厅,南极局临时负责人海洋生物学家哈维博士为大家简要介绍了澳大利亚南极事业和南极局总部的发展与变迁,以及澳方南极考察与科学研究的主要方向等。现代化的科研设施和丰硕的研究成果,给所有到访者留下了深刻的印象。故地重游,面对熟识的面庞、城市和曾经工作过的地方,更是感慨万千。

06. 洞穿船舷闯极圈

考察队和船只经过几天的修整和补给,"极地"号于 12 月 12 日徐徐离开霍巴特港,进入地球南端的茫茫大洋之中。

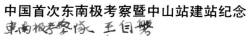

◎ 从霍巴特发回国内的实寄封(12 月 12 日发出,蓝色漏印)

在随后的一个星期中,船队顺利闯过西风带,并于 16 日 17 时 23 分在东经 124°13′方向突破南纬 60°,进入了南极条约所界定的南极地区,19 时 30 分,第一座冰山出现在船舷左舷。两天以后,船只在东经 102°03′,南纬 63°19′位置进入南极浮冰区。航行 97 海里,至 19 日凌晨 4 时 05 分,在随船直升机的引导下,终于走出这片罕见的浮冰带而进入了开阔水域。

经验告诉我,现在的开阔水域其实就是两条浮冰带之间的所谓冰间水域。显然,下一条浮冰带,因为更靠南而相对冰层会更宽阔更坚实。果然,不出两天,"极

◎ 东南极浮冰景观，原国家南极考察委员会南极明信片（海洋出版社 1983 年）

◎ 极地号船艏左下方出现破洞（国家邮政局黄山迎客松邮资片加印，盖雪龙船舶邮政日戳及中国极地集邮展—香港纪念戳）

地"号就再次进入了一片望不到头的浮冰带。

入夏后，天气日趋和暖，海冰质地日渐酥松，成片的浮冰逐渐解体。常言道，知己知彼，百战不殆。自经历了与前一个浮冰带的较量，船长、大副们也多了些许临场经验。他们谨慎观察，沉着指挥，"极地"号高歌猛进，一路冲杀，毫无惧色。君不见，篮球场大小，甚至半个足球场大的浮冰块，在"极地"号勇猛撞击的威势下，纷纷"闪让"，唯唯诺诺，速速向船的两则退去。

然而，该出现的情况总还是会出现。12 月 21 日上午，有人突然报告说，船艏左侧钢板破碎，出现一个大洞。毫无疑问，这是船头与坚硬海冰冲撞的结果。情况绝对非同小可，魏文良船长心里一惊，紧急下令立即减速、停车，随即放艇下去仔细观察。果然，在船左侧接近船头吃水线处，出现一个约 65×55 厘米的不规则椭圆黑洞。万吨巨轮立马似泄了气的皮球，先前那个刚强铁汉，顷刻间变成了文弱书生。此时此刻，薄薄钢板一叶孤舟，万顷冰海大洋深处，让人顿生无助之感。消息传至全船，一时人心惶惶。

还好，"极地"号原本是芬兰造的 A 级抗冰船，双层钢板，破了外层还有里层，海水一时半会儿灌不进船舱。A 级抗冰船在厚度四五十公分以下，密度小于百分

◎ 在霍巴特租用澳大利亚的"Bell 206B"型直升机

之七十的南极浮冰区航行,一般没有问题,尤其在夏季,浮冰正处于融化期,已是强弩之末。不过,抗冰船毕竟不是破冰船,南极海冰也不像豆饼那么松软,船行其间还得依据冰情控制合适的速度。

俗话说"吃一堑,长一智"。此后,"极地"号船判若两人,变得十分谨慎,行船速度放慢了不少。12 月 22 日,海冰密度骤增,达到百分之九十五以上,船只夹在冰缝间,谨慎前行。于是,随船直升飞机再次升空,巡察冰情,探寻航路。

这使我想起五年前(1983 年 12 月),我乘"奈拉丹"号船从莫森站航向戴维斯站,情况十分相似。浮冰连片,严丝合缝,"奈拉丹"船被困冰区,寸步难行,船期耽搁两个星期之久。我估摸着此时此刻的"极地"号船,无疑已经闯入普里兹湾的深处。也就是说,我们距离目的地南极大陆应当不远了。"极地"号船怎么说也是 1.5 万吨的抗冰船,尽管船舷左侧破了个大洞,总比吨位不到 4 千吨的"奈拉丹"可要强多了。

中国南极考察队　　　　　　同志:

1988 年 12 月 22 日 20 时 55 分,乘中国

极地号船,由东经 77 度 34 分进入南极圈。

中国第　　次南极考察队总指挥

中国第　　次南极考察队队长

中国　　　号科学考察船船长

◎ 《进入南极圈纪念》邮折内跨页(胡冀援设计),展开规格:370×100 mm

我趴在船艏船舷上，凝视着茫无边际的冰层，正浮想联翩，忽闻船上广播："各位队友们请注意，现在，我们的极地号船正在东经 77°34′ 位置穿越南极圈，北京时间 22 日 20 点 55 分……"

穿越极圈，无论是过去还是现在，几乎对所有前往南极的人来说都是意义非凡并值得庆贺的历史时刻。而此时，我并没有上回乘坐"奈拉丹"号头一次进南极圈时的那份激动。再看看身旁的队员们，也未见喜形于色。明摆着，这全是海冰惹的祸，将维系全体人员身家性命的钢船弄出个大洞来，而且，又前不着村后不着店，在远离人间的南大洋深处，是人都会有胆战心惊之感！我估摸着，领导们重任在肩，在查看船艏破洞之后，心情只会比队员更沉重，眼下压根儿没心思去组织大家搞什么欢庆之类的活动。这不，连广播里的声音听着也走味儿："请队员自己前去××处领取过南极圈纪念卡……"

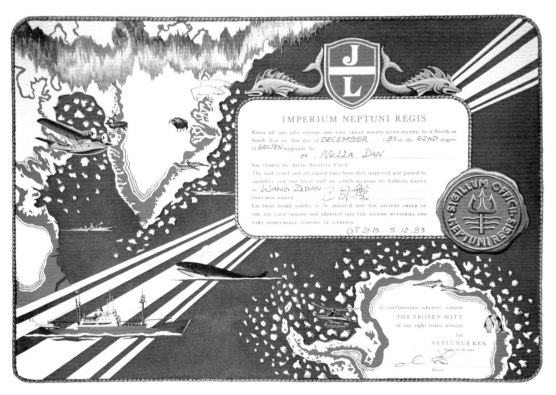

◎ 澳大利亚"奈拉丹"号船过南极圈纪念证书，1983 年 12 月 3 日颁发，规格：345×250 mm

天色渐暗，西边出现一片乌云，正试图遮挡满脸愧色的太阳，老天爷因受感染，也跟着摆出一脸的沮丧……

07. 初探苏联进步站

自进入极圈后，船只越往南行白日越长，人们对极昼的感觉愈为强烈。太阳从东转到西，忙活了一整天，始终没有歇脚的意思。空气的清澈，让强烈的阳光毫无折扣地撒向大海，洁净的海面又

◎ 陆缘冰前眺望南极大陆

将阳光全盘扔回天空。刚挣扎着冲出了密集浮冰区的"极地"号船，在开阔水域还来不及撒开腿跑路，却又碰上了冰块更大更为密集的浮冰带。而这一次，无可奈何，无计可施，船只几乎完全被冰群阻挡，难以前移半步。这让船队上下刚刚舒展开的眉头重新扭结，愁云再布。事实上，这回才算是"极地"船真正触到了南极大陆陆缘冰的前锋，也是登陆前最后一道封锁线的前沿，而在当时，谁也没有意识到情况的严重性，直至直升机升空方明白船只的真实位置。

恪尽职守的时钟，准确无误地指向午夜，船长和领队们，与一些所谓有过此类经历的人一起，正在船桥商讨走出困局的对策。白昼连连，人体生物钟被上界布设的假象所蒙蔽，只感觉阴阳颠倒。船舱里，队员们睡意全无，侃大山打牌，搓麻将看书，走笔爬格子。一些自以为得计的聪明者，用黑布或纸箱板遮挡强光，试图人造夜晚，还自己一个睡梦的美境，至多只是闭目养神罢了。

远方的天际，露出一道与天空有着明显差异的银灰色带，随着大船向前挺进，

愈来愈清晰可辨——没错！是久盼的冰雪高原。广播里很快传出了："大家注意！前方左侧,已经看到南极大陆!"消息振奋人心,驱散了心头的阴霾,唤起了久违的激动。全船闻声而动,纷纷夺门而出。

"南——极！我——来——了!"一位站在船头最前面的年轻队员,情不自禁地大声呼喊起来。呼声感染了船舰的所有人,顷刻变成众人发自内心的齐声呐喊,似波浪起伏,如涛涌澎湃,从船舰传至船艉,又转向空中,荡气回肠,响彻天空。

12月24日上午,船的底层大舱,召集全队大会。总领队陈德鸿宣布:船队从11月20号出航以来,经过34天的越洋航渡,总航程8 719海里,顺利穿越西风带,并安全通过了870海里宽的高密度浮冰区,终于达到了目的地——南极拉斯曼丘陵建站预选区的陆缘冰前沿,大洋航渡的任务至此结束。接下来,要突破正

◎ 飞行之前与驾驶员维克多和机械师彼特合影

◎ 空中远眺紧邻大陆冰盖下的原苏联进步Ⅰ站

面 8 海里宽坚固岸冰带的阻挡,将建站物资运上岸,期待群策群力,攻坚克难,坚决完成建站任务。动员会之后,各作业班组根据所承担的不同任务,开始做好准备,随时听从考察队调遣,部分班组将分乘直升机分批次登陆,进行陆上建站前期工作。

当日下午 4 点 02 分,我根据郭琨队长的指示,单独乘 Bell 206 B III 直升机飞往位于拉斯曼丘陵米洛半岛底端,贴近大陆冰盖的苏联进步站。此去目的是邀请苏联站站长上"极地"船,商谈协助我方登陆和物资卸运事宜。直升机飞速划过陆缘冰,沿途约 20 海里的冰面上,显露出六七条数米宽长不见首尾的冰缝。看来,在冰上卸运建站物资的路子,无疑已经被这些难以逾越的冰缝所切断。一转眼,直升机飞临大陆冰盖边缘,在贴近冰雪悬崖的下方,散落着几间简陋的木板房。看样子,这里应该是苏联进步站了。驾驶员维克多向我递过眼神,用手指向斜下方,我会意地点点头。飞机在一处略为开阔的雪地上徐徐降落,停稳。我瞅准时机迅速拿出一个事先准备好的贴有海船图案的空白封,递给维克多,并投以试探的眼神。而维克多接过信封就笑了:"Very good, no problem(很好,没问题)!",他拿笔熟练地在上面写开了,而且根本不用画格式,从上往下,一项不落非常流畅地书写完毕。显然对此,他已轻车熟路:

拉斯曼丘陵俄罗斯进步站　　(飞行目的地)

"极地"　　　　　　　　　　(船名)

访问　　　　　　　　　　　(使命)

Bell 206 B III　　　　　　　(机型,铃 206B3)

维克多 巴克尔 乔治　　　　(飞行员)

21 分钟　　　　　　　　　　(飞行时间)

1988 年 12 月 24 日　　　　 (日期)

维克多年过花甲,曾为澳皇家空军战斗机飞行员,当过飞行教练,退伍回地方继续驾驶直升机,1970 年后成为南极服务公司的老飞行员,经验丰富,服务周到,也包括为许多考察人员的南极纪念封准确填写飞行信息,他自称这已列为他的服务程序之一,如此热情敬业,实在令人钦佩。

在一间大一些的木板屋门口,众人正站着等候,见我走过去,也就迎面而来,互相握手问好之后,大家依次进入木屋。我首先说明来意:中国考察队领队邀请

◎ 首次乘直升机登陆访问前苏联进步站（由驾驶员维克多填写飞行信息），加盖"极地"船、中山站和苏联进步站纪念戳

苏联朋友，乘直升飞机上船做客，共庆圣诞佳节。站长谢苗诺夫听罢眉开眼笑，马上要去更衣换装，于是给出十几分钟时间，让我在站上随意转转。而我，便重点看了他们在外面停放着的大型机械：两台推土机和两台拖拉机、一台挖掘机和三辆履带式运兵车，顺便看了看机械维修房的设备等。陪同的苏联朋友说，这些车辆都在使用，没有问题。不大一会儿，大胡子站长从房间里出来，衣着挺括整齐，头发油光铮亮，身后相随仨人。我们一起走到直升机跟前，维克多一看，说是人太多，飞机超重不安全，按规定连驾驶员总共只能坐四人。谢苗诺夫一听要减掉两人，即刻变脸，显得很尴尬。我转身和维克多协商，苏联站那位大个子留下，让站长坐副驾驶位，另二位个子廋小的和我在后座挤挤算了，反正后机舱的果蔬礼品要送给苏联站，也就空舱无重量了。老头朝人群看了看，也不再坚持了，我就向谢苗诺夫解释了一番，终于阴转晴，只是暂时委屈了大个子。这边，维克多让苏联人把后舱的苹果、白菜、洋葱等都搬走，关好舱门，返回驾驶座，系好安全带，又扫视了大家一眼，等所有人竖起大拇指后，熟练地按程序揿下所有按钮和开关，立刻，马达轰鸣，机翼旋转。维克多又试着加了加力，看看仪表指示一切正常，于是加大旋力，直升机离地，稳稳升空、转向，突吐突吐，直奔"极地"号而去。

◎ 郭琨队长先期到达拉斯曼地后，在原进步站协助下，由尚在戴维斯站越冬的我方队员杨和福陪同，对建站地点作实地调研：杨和福(左1)，郭琨(右1)、阿尔伽基(右2)

当晚，"极地"船上，领队、队长和船长、大副等要员们宴请苏联站宾客，专职翻译李占生和我奉命作陪。席间，欢声笑语，美酒佳肴，吃好喝好，皆大欢喜。三十年河东，三十年河西。中苏乃老"友"相会，有难相帮，一切谈妥，不必赘述。

08. 拉斯曼地度元旦

◎ 建站前米洛半岛北端原始地貌,近处为临时搭建帐篷(国家邮政局黄山迎客松邮资片加印片,加盖中山站日戳及纪念戳)

　　12月24日全体会议之后,考察队根据当前船只受阻既不能靠岸,又不能实施冰上卸运物资的情况,决定调整工作部署,抓紧时间开展建站的前期准备和部分陆上施工任务。从25日起由直升机陆续将部分队员送上岸,并依据陆上工作进度,及时调整任务和人员轮换。25日和26日两天,部分施工人员登陆,进行建筑区块的地面平整和挖掘地基坑作业。郭琨队长和高钦泉副队长已经先期登陆圈定建筑工地的具体位置，指挥协调各项施工任务。

28日，科考队奉命陆续登陆。下午1点30分，我乘第二架次直升机离开极地船，十几分钟之后飞临米洛半岛的前端，中山站建站的预设位置。从机舱窗户下望：褐色的山丘连绵起伏，山脚低凹处尚有积雪覆盖，在一片荒芜中，有几顶军绿色帐篷分布其间。

依据安排，陆上科考班由原武汉测绘科技大学的鄂栋臣老师和我负责。成员有来自北京师范大学的赵俊琳老师，负责中山站环境要素本底调查项目；有中科院地质所的张新明老师，负责区域地质调查项目；还有和鄂老师同单位一起搞测绘的徐绍铨老师。所有登陆人员包括科考和施工两支队伍，集中分住在两个帐篷里。受直升飞机输送能力所限，较大型的设备仍留在船上，因而能开展的作业也十分有限。

◎ 首批登陆进行地貌环境考察人员与苏联站朋友在劳基地合影，邮资封销票日戳为偶露尊容的劳基地邮戳

鄂和徐两位登陆后，为进行站区大地测量，沿着海岸及高地已连续奔跑了两天，整个海岸线被高低不平的大厚冰块严实封堵，两只岸鸭子望冰兴叹，从未敢越雷池半步。测量海平面却连个海面都摸不着，那怎么行呢？老鄂急得如同热锅上的蚂蚁，鉴于此情，我主动入伙冰上测量，鄂大爷大喜过望。我一个箭步跳上一块不算太大的海冰，脚下的冰块虽上下浮动，但仍行走自如。我边示范边告诉他们：据先前戴维斯站踏冰跨海的经验，一块一米来厚两米见方的浮冰，其浮力近4吨，承受3～4人的冰上活动，绝对安全。经此耳闻目睹，老鄂兴奋得跳了起来："这

下可好了，我们可以直接从海面精确测量海平面和潮汐变化了！"说着说着也迫不及待地就近跨上了一块海冰。

◎ 为开辟冰上运输通道，考察队以科考班为基础组织"敢死队"深入冰山崇岭探路。以右为先：右1笔者、右3徐绍铨、右4张明新、右5鄂栋臣、右6肖卫群(个性化邮票)

对于在沙滩开挖建筑地基坑问题，出于专业敏感性，尤其从海洋学和潮间带生态学的专业角度衡量，我感觉有一定的安全隐患。对海岸岩礁历史高潮痕迹线仔细观察后，果然发现有许多干枯海胆和海藻等海洋生物残留物，由此可判断本地历史最大潮高潮线位置，就在现今沙滩最上端。据此，有必要对现在正在开挖的站区主建筑地基坑位置提出异议。

然而，事关建站工程整体布局和进度，老鄂严肃地对我说："现在时间很紧了，工程已在进行中，而且地基坑也挖了不少，这个时候队领导最忌讳的就是乱放横炮。"我说："问题的严重性在于，现在已经开挖的地基坑全部都在沙滩高潮线以下，我可有话在先，谁能担保此处今后不出现大潮情况？"言之凿凿，老鄂不敢怠慢。这项建议于当晚经陈秋常无线电话直接上报考察队领导。

郭琨队长很快反馈意见：尊重科学，实事求是。同时，也提出一个十分现实的问题，即主建筑工程区上移新址后的地质状况是否适宜施工？应尽快予以考证。于是，我马上找到赵俊琳，一起研讨靠近淡水湖那片高地的地质属性问题。第二天一早，我俩围绕湖岸与海滩之间的地质状况，进一步作了详细调研。小赵最后确认：属于"冰碛垄地貌地质"。考察队最终采纳了向上迁移的建议。紧接着，工程队昼夜奋战，在苏联站大功率推土机的帮助下，硬是在起伏不平、满地顽石的垄岗上，整出了几片相对平坦的长条地块，重新挖出百余个地基坑。

在先期登陆的队员之中，还有第三支人马——《长城向南延伸》电视剧摄制组。此剧是国内首部反映我国南极科考英雄事绩的电视剧，剧组的主要任务是完成南极实地拍摄。鉴于考察队名额有限，剧组成员几经压缩，仅由编导、摄制、美工3人，另加4名演员共7人组成，其任务之重，人员之少创影视剧制作之最。本次考察以中山站建站为中心任务，不同岗位所有队员首先必须服从建站任务的需

◎《长城向南延伸》剧组七君子南极拉斯曼丘陵拍摄现场合影（国家邮政局黄山迎客松邮资片加印，盖雪龙船舶邮政日戳、雪龙船上"中国极地集邮展"-香港纪念戳）

要，随时参与现场工程作业而牺牲小本位利益。

作为影视精英，剧组的7条汉子个个技艺非凡，人人两把刷子。仅以几位专业演员为例：张国立，现今国家一级演员、导演、制片人、重庆大学美视电影学院院长，家喻户晓的"康熙帝皇"。当时他与郑在石、李国华

◎ 元旦日金乃千教授即兴演出《兄妹开荒》，为大家助兴（国家邮政局黄山迎客松邮资片加印，盖中山站日戳及考察队纪念戳）

等一样，在排练中，除了担当多重角色，还得给唐导搭把手，包括摄影、勤务与安全等活计，反正是全能演员兼"跑龙套"。金乃千，时为著名话剧表演艺术家、中国戏剧家协会理事、中国曲艺家协会理事，曾任中央戏剧学院戏剧艺术研究所副所长

和表演教研室主任等职。1977 年，金乃千教授曾在话剧《杨开慧》中成功饰演毛委员，成为中国话剧舞台上第一个完整的伟人毛泽东艺术形象，轰动全国。金教授在《长城向南延伸》一剧中扮演主角，南极海洋生物学家江之荣。故事以 1983 年春，赴南极戴维斯站的国家海洋局第二海洋研究所海洋生物学家蒋加伦研究员冰海沉舟，经奋力抢救与死神擦身而过，最终坚持南极越冬，完成科考任务的感人事迹为蓝本，融合了另一位南极海洋生物学家，中国科学院青岛海洋研究所王荣教授忘我搞科研的生动事例。

28 日上午，剧组导演唐毓椿飞回极地船，下午金乃千与李国华两位离船登陆。金和李上陆的主要任务是实地感受南极场景，寻找合适的拍摄场地与景点。令我动容并从内心肃然起敬的是，老兄非要跟着我走走每天观察海鸟的路子，爬坡攀峰，踏冰踩雪，一天下来，累得直不起腰，接连数日，硬是咬牙坚持。这是他一生中未必有过的"自虐"行为。他似乎并不满足体味对南极严酷自然环境的感觉，更不局限于从纸上谈兵到实战演练，即剧本到现场的某种概念转换，而是如饥似渴地去探索、理解真正的南极科考。我感觉得到，乃千很想从我这个他眼前真实的南极海洋生物学家身上，去寻找、挖掘真实而并非传说中的那种有点神秘甚至"高不可攀"的精神境界。此时此刻，对金乃千自身，一个颇具天赋的表演艺术家来说，冥冥之中已开始在主人公的角色定位上渐入佳境。

◎ 尽管冰雪中的海水寒冷刺骨，为了体验真实，金乃千（中）坚持亲自跳入冰海，图为拍摄现场

诚然，作为传统艺术家的金乃千，唯一理念和最终追求，就是还原真实，让观众从他身上看到真实的人物原型。为此，在排练中他坚持不用替身，不顾连日疲惫和凛冽寒风，亲自跳入刺骨的冰海，浑身浸透，颤抖不止；为还原真实，他全身心地投入，甘冒一切风险……谁料，寒天独无情，惊雷传噩耗！也许因过于劳累，乃千兄最后竟遗恨归途。"极地"号停靠新加坡港的次日，他在应邀前往学术演讲途中，突发心肌梗塞，竟然与其倾注毕生心血的事业，与曾经朝夕相处、一起摸爬滚打的南极战友们诀别。

时间似流水，转眼已至 1989 年元旦前夕。显然，留在这荒野过元旦，生活无法与船上相比，不过，条件虽苦，可意义绝非一般。因为，这是中国考察队员在东南极大陆度过的第一个元旦。于是有弟兄提议，应就这一元旦主题搞个纪念封，所有参与者人手一枚，不许

◎ 十四名队员拉斯曼丘陵欢度 1989 元旦横幅，图示元旦过后，郭琨队长(左 4)登陆看望队员，苏联站长(左 5)、杨泽明(左 1)、袁荣棣(左 2)、肖卫群(右 1)和赵俊林(站立者)

搞特殊化。大家异口同声表示赞成，并形成决议。纪念封的整体设计由我先行考虑方案，在征得大伙意见之后即行制作。

可眼下的制作条件不比国内，没法绘图印刷。好在，做封的厚纸和裁剪都没问题，尤其能多盖相关纪念戳，最重要的是需要赶制一枚有特别含意的主题纪念戳，贴上龙票盖上邮戳，之后再集体签字，便大功告成。这个思路得到大家的一致认同。刻戳之事，乃千颇懂篆刻之门道，便主动请缨。我当然信他，艺术家嘛，一般书画篆刻都会有两下子。我父辈上世纪三十年代出道上海美专，英年早逝，留下一堆字画和各种青石字块，惜家母蒙昧而我又年少无知，所遗字画任人取舍，石章随人乱磨胡刻，一个没留全给害了，现在想来后悔不迭。

◎ "十四人拉斯曼地度元旦 1989"特制纪念封,左下三枚苏联站纪念戳:进步站(1987 年 12 月 1 日)、(1988 年 04 月 1 日),苏联 33 次队,第一枚戳上方谢苗诺夫站长签字,以及首度元旦 14 人签字

◎ 乃千刻制的"十四人拉斯曼地度元旦 1989"纪念戳样片

趁着船上给营地空运给养和必需品之时,我让摄制组美工师杨泽明马上搞点图画纸送来,主要有两个用途,除用做纪念封之外,余下要写一条"中国首次东南极考察队 14 人在南极大陆欢度元旦"的大字横幅,挂在我们居住帐篷的门上方。为了极限使用这无处购买的画纸,我必须左右度量上下比划,真可谓精于算计。最后,按尺寸裁成 25×26 厘米大小的纸片十四张,再剪贴成长宽 215×120 毫米统一规格的 14 枚纪念封。

乃千兄精心刻制的"14 人拉

◎ 乃千兄欣笔赠书(一)：十六字令《南极赤子》，竟成遗墨，情景依旧，倍感深念(国家邮政局黄山迎客松邮资片加印，盖中山站日戳及考察队纪念戳)

斯曼地度元旦"纪念戳一露面就广受好评：设计新颖，以不规则多边形突破框框，别具一格，颇具艺术感。尤其十个字的传统篆体书法，刚劲有力，意气风发；左下"1989"阿拉伯字仅为时间注释，恰到好处。尽管十字主题，是乃千返船前与我反复推敲商定，但以何种艺术形式浇铸成型，我心中无数。乃千曾与我提起他倾向采用篆体，可篆体笔法也颇多，效果如何不得而知，而他则成竹于胸，一定不让大家扫兴。今日样片到手，果不失众望。乃千吾兄，真乃多才多艺也！

12月31日下午6时许，日头偏西，天色明亮。按事前约定，中方一行14人，悉数南行，直奔进步站而去，随行带两箱啤酒、一箱苹果和橙子，及一小箱冻水饺，由大家轮换着手提肩扛。刚翻过一道山岗没走几步，一阵隆隆声由远及近，随后戛然而止，只见一辆苏式大装甲运兵车横于人前。原来，是进步站站长派车前来接应。

苏联朋友的"坦克"就是厉害，在米洛半岛中部那个爬一步滑两步，人称"滑铁卢"的狭长山口，45度仰角的积雪陡坡，一踩油门，"蛮蛮"就上去了。对弟兄们而言，这一路翻山越岭，爬雪坡过岩岗，可谓省力又省心。到底还是机械化啊！我深

◎ 庆贺元旦，夜访原苏联进步站(从左往右，阿尔伽基、笔者、大胡子站长谢苗诺夫、央视记者汪保国)

感，无论战争与和平，都需要国家有强大的实力。不消半个时辰，车到高地平原，绕过最大的淡水湖之后，前方，紧贴南极大冰盖的冰崖下，苏联站人影走动，木屋、车械、燃油桶，依稀可辨。

大胡子站长谢苗诺夫和他的副手们，早早就在屋前等候，还没等车子停稳，就向这边挥手致意，满面笑容，很是热情。如老友相逢，一见如故，握手拥抱，自不必说。我示意站长让人把啤酒和水果等搬进屋去，谢苗诺夫连连道谢："一冬天下来，这些早就断档了，尤其新鲜水果更是久违啦！还是中国兄弟好哇，送来最最珍贵的见面礼！"我说："大家辛苦，我在戴维斯站越过冬，理解，完全理解！"言毕进屋，众人鱼贯而入。

到底是西方文化的承传者，刚过完圣诞不久的屋内大厅，顶上花束彩带，四壁灯火辉煌，正墙一溜大字"С НОВЫМ ГОДОМ(俄语：恭贺新年)！"过年的气氛浓烈，相比室外荒漠冰洲，真乃天壤之别。

谢苗诺夫以东道主名义主持今晚的"1989中苏南极元旦联欢晚会"，看上去有点激动，也可能英语不是太好，连比带划，说不顺畅，不过，像"友好邻居"，"同志"，"戈尔巴乔夫"什么什么的，尽管话听不全，但就凭这些词儿大家也能明白大半。不一会儿，还是水文学家Аркадий(阿尔伽基)接过话，前一阵他同老鄂、徐老师和我一起搞过好些天的海冰及海平面测量，我们都知道这一冬他英语自学成才，能凑合着给站长充当英语翻译。之后，老鄂代表中方作简短答谢致词，我就替他译成英文。最后，我添上一句："在拉斯曼丘陵，从现在开始，我们两国考察站之间，今后的合作互动和相互帮助，不仅将继续，并且会越来越紧密，我们已经走在两国政府的前面了！"谢苗诺夫站长兴奋地端杯起立，建议为友谊与合作干杯！全场立即响应，祝贺声，碰杯声一片。

时间一晃已近午夜，我拿出随身带来的14个特制纪念封，示意谢苗诺夫站长,要在封上加盖进步站的纪念戳。站长立即起身进他办公室,把他们自己刻制的大大小小一堆纪念戳,连同印泥盒子和胶皮垫子一起端了过来。我先在旁边白纸上一一试盖,最终选用有代表性的三种戳:1.1987年12月1日,进步站建站前考察队拉斯曼丘陵登陆纪念;2.1988年4月1日,进步站落成纪念;3.苏联第33次南极考察纪念。乃千兄忙着帮我递送戳子和整理信封,在完成盖戳的机械动作之后,我又马上请一旁陪伴的大胡子站长给每一个纪念封签字。谢苗诺夫欣然拿过圆珠笔,认认真真地在每个封的同一位置签上他的大名。走完了使特别纪念封添彩的第一道实质性程序,1989元旦新年钟声也响过了,兴致勃勃的弟兄们也喝得差不多了,也该是撤退的时候了。

极昼的太阳不落边,西头的彩霞红漫天。

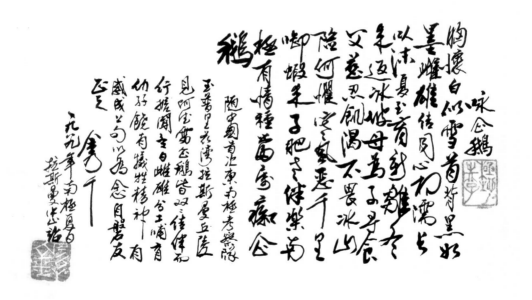

◎ 乃千兄欣赠遗墨(二):《咏企鹅》,佳句音容,追思深情(国家邮政局黄山迎客松邮资片加印,盖中山站日戳及考察队纪念戳)

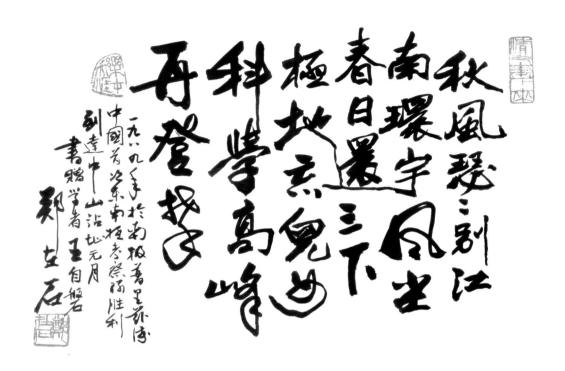

◎ 八一厂著名演出家郑在石赠墨宝《七绝》,郑老师曾在影片《芙蓉镇》中饰演谷燕山(国家邮政局黄山迎客松邮资片加印,盖中山站日戳及考察队纪念戳)

09. "布达拉宫"豪情志

米洛半岛北端,此时此刻,已成为中山站建站施工的主战场。为了让从船上撤下来开展陆上工作的考察队员有个临时栖身之所,在工地的西南角,靠近淡水湖的一侧,专门搭建了三四个帐篷,一个用来存放食品和烧水煮饭,另外几个都住人,其中,数我和赵俊琳等人住的这个略大些,里面两排通铺可住七八号人。队员们因为白天四处奔跑,或者一天施工下来,十分劳累,钻回帐篷只要有个地方躺下就行,脏不脏的谁管它,所以,帐篷里显得十分零乱,用现代城里人的眼光和说法,

◎ 杨泽明现场灵感大发,佳作多多,形象逼真,气势恢宏(国家邮政局黄山迎客松邮资明信片加印,中山站邮局日戳销票,盖中山站纪念戳)

三个字：脏、乱、差！

元旦之后不几日，考察队安排"换防"，令李国华和金乃千两位老师撤回船上。随着直升机轰鸣声响，新来了郭琨队长和另两名队员，其中包括大名鼎鼎的剧组美工师杨泽明。因为乃千兄的事先推荐，泽明老弟在直升机上已向老郭沟通请示，要和科学家们同住一隅。老郭欣然批准。

杨泽明，外号"杨怪"，其实是画怪，字怪，人不怪。说画怪，他的国画、装饰画及电视剧美术设计都画得挺棒，其发表的绘画作品往往夸张、变形、诡谲，颇受印象派的影响又不乏独特风格。"诚实、勤奋、奇思"，则是队友们给他画像。六个字的要害在首尾，点出他"作风正派"与"创作奇才"两大特点。他的创作，总是那样的出人意料，不落窠臼，而他的真诚，尤为难能可贵。

自从杨美工师住进之后，简陋的帐篷很快朝美的方向转化。杨怪首先带动大家把睡袋、鞋袜之类放齐整。遇到懒人，他言传身教，先帮人家的睡袋和铺位整干净，搞得你自己也不好意思，问题迎刃而解。而门前和通道等公共责任区，他干脆自己带头清除垃圾，又把凸凹不平的大石块拣走，将细小砂石踏平。他还特地用装食品的纸箱做了个"碗柜"，大家的碗筷就不再像过去那样随便乱放了。小帐篷经此整顿，面貌一新。起居环境看着爽了，人也变得勤快起来，相互之间更有了谦让。恐怕这就是让精神与物质"交融"的文明魔力之所在。看来，任何地方，生活总是离不了美工师，确切地说，是美容工程师。

第二天下工以后，杨怪从罐头、酒瓶上揭下一堆的商标，拼凑成一张彩色缤纷的纸贴在帐篷外的门旁，准备给大帐篷取个好听的名字写上。取什么好呢？大家各抒己见。有的说叫"考察队员之家"，有的说叫"中山村一号"，有的说叫"拓荒者的足迹"，不一而足。

"我看就叫'布达拉宫'吧！"我接过大家的话说。

众人看着似乎丈二和尚摸不着头脑，一时还不能理解这南极帐篷与号称地球第三极的世界屋脊西藏，那座举世闻名的辉煌宫殿建筑有什么联系。

于是，我进一步解释道："大家一定不会忘记，咱们这帐篷是用布搭拉起来，盖成尖顶形式，不就形同宫殿吗？还记得新年前夕那个夜晚，大雪纷飞，狂风怒吼，'布塔拉、布塔拉'，满世界的呼喊声不绝于耳，是上苍催促大家起身，夜斗风雪，用生命捍卫这神圣宫殿！"

众人恍然大悟，异口同声称赞这个既谐音又意义深刻的名字，实在太棒。尤

◎ 杨泽明作品"春色满园"明信片,回忆南极往事有感

其杨怪,连声说好,并欣然命笔,在他贴好的那张纸上写上了"南极布达拉宫"六个大字。自此,我们这顶帐篷名声大噪,参观者络绎不绝,竟成为拉斯曼丘陵人气最旺的"旅游名胜"。

"南极布达拉宫",金光闪闪的大字,不仅把地球南极和世界屋脊这两极连在了一起,更是把远离人间的队员们的心,一下子变得和祖国与藏胞弟兄贴在了一起。当时间的车轮转至 2008—2009 年度,中国南极考察队进军冰原最高点建设中国昆仑站期间,终于迎来了祖国雪域边陲首位藏族兄弟次丹罗布(拉萨市人民医院医生),从此,中国南极考察队有了真正的"布达拉宫传人",这是后话。

既是"布达拉宫",就不得不说说里头的"喇嘛"。说来也的确挺不简单,这"宫"中"喇嘛"云集了本次考察队陆上科考的主力,例如赵俊琳、张新明,还有袁荣棣及笔者等,一帮手中各捧"一本真经"的专家。而另外几位"能说会道"的,更有来头,个个头顶艺术家、新闻记者,或者党政要员的"光环"。众"喇嘛"分别下到不同施工班组,除了吃睡在一起,平时各转各的圈,各摇各的"玛尼轮"。

◎ 中山站布达拉宫的喇嘛们：左起：1.赵俊琳，2.张大新，3.杨泽明，4.胡冀援（站后），5.袁荣棣，6.汪保国，7.张新明

先说来自中国科学院地质研究所的张新明,本次南极任务是拉斯曼丘陵地质构造研究。为取得第一手资料,他每天完成繁重的挖坑任务之后,便一声不吭地背起地质包,手持地质锤,向岩石裸露的山顶攀爬。他对每一座山岩都充满兴趣,每一次都空手而去,满载而归,几天下来,铺位周边,乃至"宫"里的空隙之处,堆满了从山坡上、沟凹里或海边敲下来的大小不一、不同纹路和色彩的石块。当看见他那被石头棱角磨得血肉模糊的双手时,众"喇嘛"除了钦佩更是心痛。

赵俊琳,三十出头,体质文弱,参加挖坑没几天,就累得直不起腰。我与他1986年第三次南极考察时同在长城站,知道他是个乐观派,又喜欢与队友打牌,可干起活来,却是很细致很执着的人。这不,尽管累,可每天工余,他坚持不懈满山包地跑,不停采集原始土壤样、冰雪样和大气样本。前些天,他约我同去奈拉湾对岸寻找末次冰川痕迹,徒步横穿五百米海冰,冰面似融非化,沟横交错,冰下即百米深海。他一路紧跟并不吱声。等快到岸边时，我回头发现小赵满头大汗，正脚踩我的足印，亦步亦行，不偏不离。

他终于发声："王老师，你走得好快，我在后面可是心惊肉跳啊！"我心里一热，赶紧表示歉意："对不起，俊琳，是我只顾前面的冰情，想尽快脱离险境，也是胆战心惊，不敢有半点马虎啊！"常言道，有付出就有回报。这一趟越冰之行，在对岸观察到更多的冰碛垄实证，确切地弄清楚这一带冰碛垄的来龙去脉，为工程迁移提供了科学定心丸。

小赵的确是个称职的科学家。当他得知劳基地澳大利亚专家正在打钻取湖泊冰芯样时，心里就痒痒，老是盘算着怎么与澳方合作能搞点冰芯样回去，有文章可作也就不枉此行。杨怪对此表示支持，并欣然答应陪他一起去劳基地。而杨怪自己也正想借机去各处走走，以便采集绘画素材。谁知天公不作美，去的路上风雪骤起，扑面而来让人窒息，灰蒙蒙的天，白茫茫的地，混沌一片，方向难辨。这回走在陆上，又有罗盘指引，小赵心中踏实，只顾前行，不觉进入一片开阔地。浮雪之下冰凌遍布，暗藏芒锋。杨怪不小心被冰疙瘩

◎ 劳基地(Law Base 建于 1987 年 01 月) 全景，(黄山迎客松邮资片加印，加盖中山站日戳)

绊倒，一手撑地，即刻满手伤痕，鲜血外渗殷红一片。他疼痛难忍叫苦不迭。前方小赵，只顾弓背弯腰顶风前行。杨怪气喘吁吁，吐着团团白色雾气，心中不免自叹弗如。

小赵见此放慢脚步，等他上来之后，抖落着身上的雪块，对着他耳朵大声说："喂！艺术家，撑起你的打狗棍，踩实脚跟，稳步向前！"两人正说着话，眼前忽然横竖一道又深又陡的大雪沟。小赵赶紧驻足，向下看了看说，咱俩拉着一起滑下去吧！杨怪想想自己无论年龄和个头，都比对方大，哪能总这样认熊？嘴上说：

"不，我自己下。"可身子压根儿就没动作。"那，我先下了！"说时迟那时快，小赵屁股一坐，一溜烟到了坡下。无奈杨怪咬牙紧跟，顺着小赵的身影滑下去。到了坡底钻出雪堆回头一望，哇！自上而下，好一堵硕大无比的雪墙。

真可谓：皑皑白雪无边际，气势恢宏接天地。杨怪似乎灵感大发，一边掏出本子和铅笔，一边冲着小赵狂呼："你往雪坡上靠后一点！再靠后！好！我要画一幅画。"自己站在雪沟另一侧的高处，开始勾画起来："多宏伟的雪坝，多美好的雪景！啊！多亏与你同行，伟大的科学家！"

那边小赵在问："你画的什么意境？"

杨怪："你是那冰山下绽放的雪莲。哈哈哈！"

小赵："好你个杨怪，把老子当成女人啦！"

杨怪轻车熟路画完素稿，收起家当，深一脚，浅一脚地赶了上去。两人说笑着，向目的地顶风而行。前方，劳基地红色苹果屋已映入眼帘。

◎ 不久，吉姆（右一背者）率劳基地朋友到访中山站，郭琨站长（靠帐篷戴红帽者）热情接待，郭左赵俊琳，右为笔者

吉姆和他的助手正不顾风雪肆虐，坚持在坡下的奈拉湖边忙活。小赵走到跟前，自称是专程前来拜师的，吉姆听罢，乐呵呵地停下活计，说了句"Welcome（欢迎）"就钻进一旁临时搭建的小帆布篷里，点燃气炉烧茶，又拿出热狗和葡萄酒。吉姆耸耸肩，遗憾地表示歉意，因为要抓紧现场工作，不能回基地接待中国客人，但很乐意和小赵合作。后来，小赵果真如愿以偿，获得他梦寐以求的冰芯样，作为交换，小赵将自己类似的工作经验——一篇长城站地区的环境研究论文送给吉姆。其实，世界似大若小，人之相识皆友。小赵未必会猜到，同是这个吉姆，也是我的合作伙伴，我们之后有合著论文刊于剑桥大学学报。

话说科考"喇嘛"们整天随施工队在建筑工地出力，工余，还得东奔西颠抓紧时机开展各自的科考项目。考察队长虽然一再强调：船行万里，卸货建站，归根到底得看科考成果。可是，几百个地基坑，发电楼、办公楼、生活楼、库房和科研楼等关键设施，无一不是平地起高楼，工作量一五一十地明摆在那儿。因为极地船被困冰缘，让科学家们先行登陆搞科考的想法没有错，可惜呀，还没跑上几天，施工班组陆续上岸。紧接着，工程施工一项一项逐渐铺开：平地，挖坑、搬材料、拌水泥……"喇嘛"们起早贪黑，作息时间基本围着工程转。无需多言，眼下建站与科考孰轻孰重，各人心里自明。

"布达拉宫"的"喇嘛"，一波一波，除了科考的，前后换了好几茬，来者兴奋，离者难舍。于是，有兄弟提出动议，能否搞个什么东西给大家纪念纪念。受元旦特制纪念封的启示，我提出将"布达拉宫"永载史册的建议——制作一枚特别纪念封。如此倡议，通常都会受到百分之百的拥护，自然而然会得到全体"喇嘛"的积极响应和支持。

搞纪念封设计制作，我不算炉火纯青，可也是行家里手，了然于胸，不由得自告奋勇，并声明封的尺寸会略小于先前那个"14人度元旦纪念封"，以示区别。至于纪念戳，得另有高人刻制了。

纪念戳图案是体现特制纪念封主题的核心，既要有特色内容，还得有艺术风格和南极气势，因而刻戳甚为关键。此项任务非艺术家杨怪莫属，我当即全权托付与他。至于能否就地取材以及怎么制作，我无话可说，只是把手头木质圆把考察队纪念戳的实样取出，供其参考。谁知杨怪接过戳子瞥了一眼就扔还给我。这一瞬间，我捕捉到他平时极少流露的一丝狡黠的眼光。我略感惊诧，确也了然这小子胸有成竹。果不出所料，他说等他回船后搞定，会让我满意的。我忽然觉着怎么杨和金一样，都有点神秘兮兮的，莫不是搞艺术的人都那样啊！

制作纪念封的纸张，因为厚图画纸已经使用完毕，改用略薄一些，质地更细更白的图画纸。最后制成的纪念封尺寸为11×18.1厘米。同室9人，每人一枚。众人一个共同的要求和愿望是，纪念封如能贴用孙中山肖像邮票，那就十全十美了。可眼下的最大难题是去哪弄这九张孙中山邮票？我突然想起同住的"喇嘛"中，不就有胡老九冀援同志，即后来中山站邮局开张时的大掌柜吗？老胡闻讯而来，说孙中山邮票是有，不过得拆套——即从现有的辛亥革命七十周年(J-68)和辛亥革命著名领导人(J-132)两种套票中单取孙中山邮票。大家异口同声，甭管那么多，这事就让老胡想办法解决啦！

◎ 中山站建站初期南极布达拉宫特制纪念封

纪念封的整体布局：右上角贴孙中山纪念邮票一枚，以中国南极中山站邮局(1988年2月28日至3月5日)限时日戳销票，同时，在邮票左侧加盖方形"苏联南极考察队进步站"纪念戳；左上角加盖特制"南极布达拉宫"纪念戳；纪念封右下方加盖"中国首次东南极考察纪念"和"中国南极中山站建站纪念"两戳；其余空间，九位同室各自见缝插针签字。

实际上，自杨怪上船之后，忙于剧组事务，无暇旁顾，一直腾不出手来刻戳子。"南极布达拉宫"纪念封等制作完工，包括贴邮票、加盖所有戳记和签字在内，已时至2月。更因1月中旬遭遇冰崩，船只被困，以及随后建站物资运输受阻，工程施工耽搁，为完成主体任务，大家听从调遣，疲于奔命。纪念封虽有意义，但毕竟事小，理应无条件服从大局。

二月初的一天，帐篷外直升机飞来飞去，嗡嗡作响，和往常一样，并不引人注意。早餐后，我正准备上工地，忽然见门帘掀起，杨怪闯了进来。他面露笑容冲我说："交差！"伸手将一小团纸裹着的东西塞我手里。

"什么宝贝，左一层右一层的？"我边说边打开小纸包，一枚崭新的红色硬塑胶公章映入眼帘。莫非这小子私刻公章？将信将疑地将戳子转过正面一看"南极布达拉宫"，不禁大喜过望："哎！你从哪变出这么个坨坨？鸟枪换炮，这才是正儿八经的纪念戳呐！"杨怪伸手将裹戳子的A4纸团抹平整了，立刻一股浓烈的油墨气息散发，纸中央一个鲜红的圆形图案："看！怎么样，合不合格！"我咧着嘴连声道："好，好好！"我定睛细看："企鹅，冰山，布达拉宫，蓝天白雪……"可谓构思巧妙，寓意深刻，活龙活现。我确定，这是迄今所见众多南极纪念戳中，最有美感，最有创意的一枚,不愧为真正的艺术家!

"既然你大科学家这么看好,是不是该有所奖励?"杨怪颇为得意,而一旁俩弟兄借机起哄:"是该犒劳犒劳!"

"好! 既是有功之臣,理应重赏。这么着,咱们这儿全是喇嘛,你去湖边正游泳的那群企鹅里看看,有相中的随你抱走!"我手指帐篷外跟杨怪说。众人闻之哈哈大笑:"对! 对! 多抱几个。"

杨怪抿着嘴笑:"我到时候全都弄回去,告你个科学家破坏生态,罪责难逃!"边说边过来要抢回戳子。我左推右挡,并问他:"告诉我,你哪儿弄的塑料坨坨?还有章要刻呢!"杨怪就是死不透风,守口如瓶,至今仍是不解之谜。

◎ "南极布达拉宫"(原邮电部发行"布达拉宫维修工程竣工"邮资片 JP－47(1－1)加印,右起:赵俊琳、杨怪、王自磐

10. 相遇功勋"院士"号

◎ 费德洛夫院士号所配置的"米8"直升机

拉斯曼丘陵的一月,正值南极金色盛夏的美好季节。尽管天空总是万里无云,太阳24小时在头上转,周围却仍然是一片白茫茫的冰雪。"极地"号船自12月下旬到达陆缘冰边沿以来,一直被沿岸望不到头的海冰带所阻隔。这条约两公里宽的冰带,越往岸边冰层愈厚,从一二米至数米,贴着海岸竟全然变成冰疙瘩、冰丘甚至小冰山,整个将岸线封锁得严严实实。二十多天过去,船只焦急地等待冰块缓慢地消融,竭尽见缝插针之能事,却收效甚微,进展无几。致使实施中山站建站的任务一筹莫展。只见每天晴空万里,日头打转,却人不能战,心焦似火,度日如年。

1月13日中午,忽然一架红白两色的"米8"直升机飞临"极地"号上空盘旋。原来,苏联极地考察船"费德洛夫院士"号为进步站运送物资补给正驶入这一海域。这对处于困境中的我们,如同忽然来了救兵一般,渴望着它能为我们的卸货与建站带来转机。遗憾的是,据说"费德洛夫院士"号船在出入青年站时,船只曾差1米的间距险些触礁,因此而变得小心谨慎不敢茫然冒进。

这架编号为 CCCP - 24469 的"米 8"型直升机，稳稳降落在极地船身后的飞行甲板上，来客是苏联第 34 次南极考察队领队布拉米哥夫·谢尔基·米哈伊洛维奇，是来与我们协

◎ 停泊在拉斯曼丘陵冰区外锚地的前苏联"费德洛夫院士"号破冰船（右上为俄罗斯 2006 年发行南极 50 周年该船图案邮票）

商两队间进行合作卸载货物的。他们的优势是随船带有大型直升飞机，可一次吊运 3 吨重的物资，而我们的优势是随船带有可一次载运 40 吨物资的大驳船（中山 2 号）。南极天生是国际合作的圣地，两家完全可以优势互补。可眼下厚厚的冰层将海面封堵得严丝合缝，大船动不了，驳船更无法下水。苏联同志答应，先用他们的直升机帮我们吊运集装箱。

于是，船长立即下令，让老鬼（水手长）指挥船员紧急将舱盖上 12 个橘红色集装箱，一个个吊放在右侧船舷下的海冰冰面上，等待直升机吊运至岸上。苏联直升机在低空中发出雷鸣般的隆隆巨响。直升机机翼的急速转动推出强大的气流，偌大的冰块

◎ 极地船甲板舱上的集装箱陆续移到海冰冰面，等待苏联"米 8"直升机过来吊运，类似的海冰冰上作业，正是我设计本次东南极考察纪念戳的构思与依据

在海面上忽沉忽浮。6位中国考察队员正冒着强劲气流的冲击,在冰面和集装箱之间,爬上爬下,协助挂钩。一位队员的皮帽因没有系紧而突然被气流卷起,刮到远处的另一块海冰上。我站在海冰的一角,通过对讲机,担负着与挂钩的中方队员和苏联直升机驾驶员之间信息沟通的任务。我的双眼紧紧地盯着机身下的钢缆和挂钩,深知在这种场合下,直升机玩的是一场极具风险的游戏。挂钩者耍猴似的爬上又跳下,而"米8"机十分吃力地升起又落下,吐着浓烟,试试这个,吊吊那个,一连七八次尝试,竟没吊起一件!我的对讲机里一个劲儿地传出一连串的"Het!Het,Het(不行,不行)!"的语声。通常标准集装箱满负荷3吨,也是"米8"直升机的起吊限度。苏联直升机驾驶员做梦也想不到,我们的集装箱不仅已加工隔成了房间,而且里边还装了不少实货,少说也在五六吨呢。这不,折腾了大半天,12个集装箱不仅纹丝不动原地趸着,而最终还得一个个重新吊回甲板。"米8"直升机悻悻然离去了,我方也白白折腾了半天。我搞不懂当时主事儿的人究竟是什么心态,明知超重,不做调整,更不向对方讲清楚。

◎ "费德洛夫院士"号破冰船南极处女航纪念封(1988年2月),南极青年站实寄(1988年4月7日),瑞士Wettingen收(封背1988年7月19日)

天下没有免费的午餐,帮助是互相的。既然应我方请求苏方已派过直升机,集装箱超重没吊成怨不得别人。接下来,该回应苏方提出借用我驳船的要求。"费德洛夫院士"号米歇尔船长似乎已成惊弓之鸟,不愿让大船往里开进,无奈有请"极地"号船向他们靠拢,把驳船送过去。于是,次日凌晨1点,"极地"船徐徐离开冰缘,掉头走出冰区,驶向"费德洛夫院士"号船锚泊地。

"费德洛夫院士"号对中国极地考察队来说并不陌生。在南极的岁月中,中国考察船几度与之相遇冰海，双方礼尚往来，一直保持着非常友好的关系。"费德洛夫院士"号船体漆成上白下红两色，如同我国后来的雪龙号船，无论在蓝色的大海还是洁白冰山丛中，都十分鲜艳醒目。这是一艘苏联1987年才建造的破冰船，船体长140米，最大体宽23米，吃水深度8.5米，排水量12 000吨，总推进功率12兆瓦。虽然，从体型看上去似乎有些笨拙，

◎ 原苏联1988年2月发行"费德洛夫院士"号极地破冰船邮资封，盖"俄罗斯"站邮戳（1989年3月3日）

◎ 苏联第34次南极考察纪念封（1989），主题图："费德洛夫院士"号考察船穿梭于南极冰山丛中

不如"极地"号船身材苗条，但两者一个是"破冰"、一个是"抗冰"，性能与类型完全不在一个档次。"极地"号的南极处女航，是在1986—1987年度中国第3次南极考察期间的南设德兰群岛海域，"费德洛夫院士"号的南极处女航是在刚刚过去的1988年2～4月份。而这次，既是"极地"号船的东南极首航，也是"费德洛夫院士"号船在普里兹湾的首次出现，显然，相比之下，魏文良船长似乎更有猛虎下山

之势。不过,在缺乏适航水深图,尤其靠近海岸的冰下水域迄今尚是空白的情况下,米歇尔船长自然须更加小心谨慎,责任所在,也无可非议。

在黎明的曙光来临之际,中苏两船终于相会。"费德洛夫院士"号船与"极地"号船之间相互以四根粗粗的缆绳紧紧相连,中间隔着几只轮胎叠加的宽度。两国考察队员纷纷站立在船舷旁,相互挥手致意。未等缆绳完全系好,我方队员姜廷元就迫不及待地向对方扔过去一瓶金岛啤酒。这序幕一经拉开,呼啦啦,立即出现了如此充满人情的互动场面:隔着宽不到 2 米的两船间隙,啤酒、白酒、扑克牌、香烟、硬币,以及双方队员手中的各种纪念品、明信片、纪念信封、帽子、录音带,甚至茶叶、饮料、麦乳精、棉手套、肥皂等等,飞过来,飞过去。为了避免东西掉落海中,有人用竹竿挑,有人用塑料袋扔……

◎ 俄罗斯继承前苏联极地考察事业,图为 1992—1993 年期间第 37、38 次南极考察纪念封,见证"费德洛夫院士"号参加更多南极航次

显而易见,冰封雪寒、荒无人迹的南极,这场在两国队员所进行的以物换物的特殊"国贸交易"中,中国轻工产品和食品供应远胜物资匮乏的苏联,无疑成为检

阅中国改革开放成果的特殊形式。受此激励下的中国队员，几乎到了不管人家扔什么，只要自己身边有什么就扔什么的一种近乎疯狂的地步。这种只为高兴与痛快而不计成本的原始"贸易"，既带着在南极特殊环境下人的一种感情宣泄，也体现出摒弃意识形态前嫌之后，人与人之间的原始真诚。仅仅几分钟的时间，从互相之间扔送物品，到打破沉默，相互以手势用英语，简单而激情的问候致意。这热烈异常的气氛，一下子将横亘于本是兄弟的两国人民之间长达28年之久的僵持和对峙冲得稀里哗啦。事实胜于雄辩，无论中国还是苏联，改革是大势所趋，旧时的体制与束缚，终究难以在今天双方拨开迷雾的大气候下继续存在下去了！

3点40分左右，"极地"船已经将中山2号驳船吊到苏联船上。不大一会儿，紧系的缆绳被解开，与此同时，汽笛齐鸣，两船徐徐分开，双方队员依依不舍，挥手告别。极地船返回到原先的冰缘位置。

◎ 俄罗斯第 46 次南极考察(2000)，发行"费德洛夫院士"号破冰船纪念封

1991年年底苏联解体，国家经济遭受重创。"费德洛夫院士"号船见证了从苏联到俄罗斯的国家政权更迭，而难能可贵的是，在随后经济几近崩溃的年代里，继续坚持奔波于南极冰区，成为俄罗斯少数几艘功勋极地考察船之一。不过，最让"费德洛夫院士"号在全世界大出风头的一件事，是 20 年之后的"2007 北极行动"。2007 年 7—8 月间，俄罗斯杜马副主席奇林加罗夫率领北极科学考察队，乘

"费德洛夫院士"号船前往北冰洋核心地带的罗蒙诺索夫海岭投放深潜机器人,在接近北极点的 4 261 米水深处插上一面 1 米多高的钛合金俄罗斯国旗,并向全世界宣布俄罗斯对北极领土的主权。一石激起千层浪。美、英、加,以及丹麦、挪威等国奋起直追,纷纷宣称各自的北极领土主权,并派出考察人员甚至组建北极部队大举实施各自的北极行动计划,掀起了新一轮争夺北极的浪潮。

"费德洛夫院士"作为一个响亮的名字,给人深刻印象。费德洛夫(1910～1981),前苏联科学院功勋院士之一,曾被授予"苏联英雄"称号。图所示为前苏联1981 年发行的纪念费德洛夫院士邮资封。1987 年建造,并于 1988 年 2 月首航南极的"费德洛夫院士"号破冰船,成为苏联及后来俄罗斯的主力极地考察船,即以他的名字命名,以纪念他为苏联极地事业做出的杰出贡献。

◎ 前苏联 1981 年发行的极地科学家,苏联英雄、功勋院士费德洛夫 75 周年诞辰纪念邮资封

11. 冰崩压顶不折腰

又是一个艳阳天,太阳连招呼都不打就直接跃上了东面冰山的金顶。强光在纯净而透澈的空气中显得格外耀眼。几天来,随着气温上升、潮起潮落和风吹浪打,终于,海冰出现了一道道裂痕,断开的浮冰大片大片地离去。

被困冰区憋屈多时的"极地"号船不再甘心受堵,决计最后一搏。于是,加大马力,发狠冲击,一块块七八十公分厚球场大小的大板冰被拦腰撞裂。冰障的大门终于被捅开。此时此刻,魏文良船长全神贯注地指挥着船的进退,整个船桥悄无声息,只有老大的指令和舵手的回令。巨轮淹没在冰丘起伏之中,157米长的钢铁身躯,在冰山丛中转起了迷宫。好几次眼看船头冲向前方巨大的冰崖,忽然,船尾一摆,两个庞然大物擦肩而过。几分惊魂几分险,人们深被老魏驾驭大船的娴熟技艺与舵手的配合默契所折服。极地船左冲右闯,突破数百米冰障,到达预定地点新月湾水域。至此,大船离岸仅400米之遥,几乎触手可及。

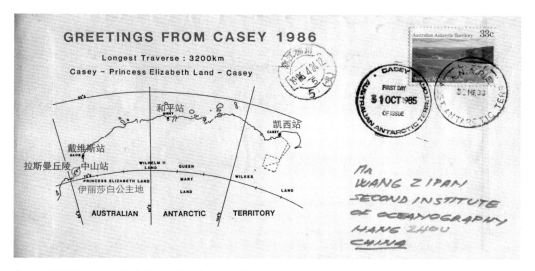

◎ 纪念封地图示:东南极大陆伊丽莎白皇后地从戴维斯站至凯西(Casey)站的沿海区域,拉斯曼丘陵及中山站位于普里兹湾南岸戴维斯站西南方(绿色圆圈),实寄封 1986 年 4 月 24 日杭州收到

宁静的拉斯曼丘陵，这片等待中国首次东南极考察队前去开垦的处女地，已一览无遗地展现在面前。然而，这船岸相隔的区区几百米海面，充斥着数不清的大小冰山与冰丘，竟成为阻挡钢铁"巨人"于岸线之外的拦路虎。考察队决定立即炸冰，为小艇开路。爆破组枕戈待旦，准备实施冰上作业。

时间定格：当地时 1 月 14 日 20 点，南纬 69°22.8′，东经 76°22.4′。

◎ 新月湾，拉斯曼地近在咫尺，冰带横隔望不可及（国家邮政局黄山迎客松邮资片加印，加盖雪龙船舶邮政日戳及中国极地集邮展香港纪念戳）

海冰的阻挡，拖延了建站物资的卸运，也直接影响到后续施工。晚餐后，考察队员集中在船舱底层娱乐厅里，郭琨队长正进行战前动员：立即组织人员突击炸冰，为小艇开路，连夜卸运物资。而弟兄们也早就憋足了劲，如同烈火干柴，群情燃烧。

随着沉重的锚链滑落声，"极地"号就地扎营。爆破组的人员枕戈待旦，准备实施冰上作业。我虽不属爆破组成员，却身不由己地去前甲板观察冰情。中科院大气物理所的老高及解放军天津车辆所的小夏等，也不约而同地来到船舷。

盛夏的一月，骄阳连日，海面冰情瞬息万变。

中山 1 号小艇已吊至右舷边水面，队员们正准备下艇，一场炸冰、突击卸运物资的硬仗正要拉开序幕。我和高登义老师怀着忐忑的心情，在船舷一左一右注视着海面。极地船右舷靠岸一侧的海冰，整个下午还是严丝合缝，银色一片。然而，仅晚餐一顿饭的功夫，竟面目皆非：小裂缝变成了大水道，大片冰裂成了小块块。莫非是老天爷动了真情，体谅考察队建站任务繁重而开恩？抑或愧对远方来客，自动让出航道放船一马？我环顾四周，猛一回头，一幅让人心惊胆战的情景呈现：离极地船艉不远处，外侧的几座大冰山在潮流的推动下，正不动声色缓缓移动，逐渐形成合围之势。这分明是要断人退路啊！毫无疑问,极地船已被逼入背水一战的绝境。与此同时,左舷远近的冰山和大小冰丘,正快速移动,一串串一列列,似东去的战车;放眼望南,左侧正南相距约2公里处,源于大陆深处巨大冰盖的达尔柯冰川,其前锋正隐隐滑动。

就在此时,我俩几乎不约而同地叫喊起来:"老高快看!""老王快看!"但见海面上,似乎正上演着激战前夕万马奔腾的宏大场景:左舷远近的冰山和大小冰丘,正莫名其妙地上下骚动,似群魔乱舞。船长老魏正巧来到艏部查看锚链,我们立即报告:"船长,

◎ 极地号遭遇特大冰崩,身陷围圈(个性化邮票,1988年)

冰况异常,会不会出什么事!"老魏抬头一看,说了声"不好! 危险!"便立即转身飞速上了船桥。广播里立即传出船长洪亮而急切的声音:"全体注意! 紧急备车! 全体船员就位!"船桥上,一直在密切观察冰情动态的陈德鸿领队和郭琨队长,也相继发现了冰盖前沿的异动。

忽然,左前达尔克冰川方向一股亮白色烟柱冲天而起,形成百米高的巨大烟雾,紧接着,由远及近传来隆隆巨响,冰盖2.7公里宽的冰崖前端,似多米尼骨排

◎ 极地号遭遇特大冰崩个性化邮票原图照片

轰然倒塌。积聚万年于冰体内的巨大能量瞬间释放，其威力不亚于一次小型核爆。巨大冰涌推动高楼般的冰山，裹挟着无数房子、汽车大小的冰丘，以压倒一切的阵势奔泻而来。何为"排山倒海"？非今日亲眼所见，难悟其"所向披靡"。

右舷海面上的小艇接到回撤指令，说时迟那时快，就在小艇刚刚被吊臂提上船舱甲板上的瞬间，大船似一片树叶，在冰浪中开始剧烈地摇晃。更为惊心动魄的是，砸向深海的冰块，又被强大的浮力急速顶起，犹如潜艇击发的无数鱼雷，高速射向海面。在大船左舷的不远处，几座冰山在翻滚，原本压在深处的大小冰块，从几十米甚至百米深水急速弹出，射向船体，伴随冰块减压迸裂，发出令人恐惧的噼啪声，其中有一枚仅仅距离船身不到 3 米。这一切，大家看得真真切切，目瞪口呆，说临危不惧是假，心惊肉跳是真。

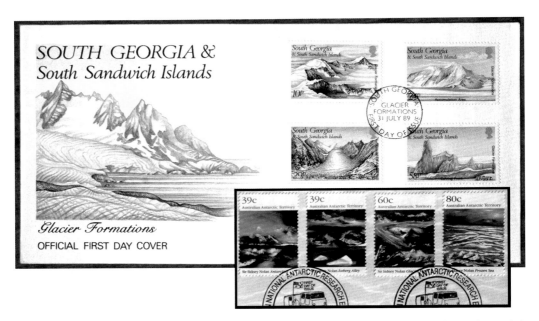

◎ 冰盖与冰川为南极大陆宏伟自然景观主体，也是人类福之所系，祸之所藏；图为南乔治亚岛发行的冰川和冰山景观邮票首日封，右下为澳大利亚发行的南极冰川景观邮票

那白里透蓝的冰山，曾是那样的晶莹剔透，纯洁诱人；那袅袅升起的烟云，似白衣仙女翩翩起舞的美丽飘带，更是何等的婀娜多姿，妩媚动人。可一瞬间，天旋地转，白色女巫凶神恶煞，还其狰狞面目。船舷边的考察队员们，方才还在欣赏这千载难逢的大自然奇观，转眼又被这突如其来的冰雪大变脸所惊呆，或双腿发软躲入船舱，或双手哆嗦持相机欲拍不能。最"好玩"的是无线电班的祖源兄弟，慌乱中去底舱实验室抱着一台电子设备，急匆匆奔上甲板层，见了高振生副队长就

喊："完了，完了！这是公家东西，我先交了！"小高冲他吼了一声："完什么完?! 你慌什么你！"说实话，不怪人家，从未遇见过如此态势，他也是怕万一船底真被冰弹击穿，尽管惊慌失措，却毕竟首先想到的是公家设备要紧。

鉴于"极地"号船在前一阵冲闯浮冰带时，艏部左侧已经被坚冰撞破，吃水线上方的外层钢板出现一小圆桌面大的破洞。我真的担心船体会经不住如此坚硬的高速冰弹的袭击。"极地"号现在已完全无力改变这被动挨打的局面，唯一能做的只有死扛。此时此刻"极地"船主机轰鸣，调过船头顶着冰流。我在船桥站立于魏船长的身旁，看着他神情专注面色铁青，心里着急，可什么忙也帮不上。不管老魏心里如何，至少看着显得相当的镇定，正沉着指挥操舵，力避冰流锋芒，让人钦佩与宽慰。我注视着他的右手，很长时间一直紧插在裤兜里。他瞥了我一眼，抽出右手比划了一下说："危急时刻，如有谁不听从命令，我就对他不客气。"眉宇间透出一股坚定和威严。我即刻明白他裤兜里装着的是什么。我赞同非常时刻需要绝对权威，不过，从可行性而言，与其说是无可选择的极端手段，毋宁说是增强震慑力的自我安慰，此时此刻，但愿他英雄"无用武之地"。

凌晨 2 时 30 分，又一阵惊天动地的巨响，是第一次"爆炸"诱发下更大规模的冰体崩塌，持续了近 20 分钟之久。万年冰盖的巨大潜能经泥石流般冰洪直泄并转化为无限推力，万吨钢轮因挤压而咯咯作响，沉底的大铁锚骤然脱位，船体立马向岸侧快速位移，水深 55 米、38 米、16 米、9 米……船体一旦触底，完全有被推倒的可能，船毁人亡的灾难会随之发生。谢天谢地！幸好关键时刻左前方两座巨大的冰山搁浅，起到分流和阻挡汹涌冰流的作用，极大地减缓了船体侧面的横向压力。

太阳悄悄爬上了冰盖。极地船深

◎ "极地"船身陷围困，队员奉命踏着破碎浮冰登陆（国家邮政局黄山迎客松邮资片加印，盖雪龙船船舶邮政日戳及中国极地集邮展-香港纪念戳）

陷白色囹圄,女巫毫无收敛之意。

临时党委依据冰情,考虑如下应对措施:1. 若冰情减弱,船只伺机突围;2. 若冰崩危及船只安全,全体弃船上岸;3. 若冰情持续,船只长期被困,全体人员随船越冬。

冰崩次日下午,极地船后舱大厅,郭琨队长向全体传达了临时党委的决定:为防不测,减少牺牲,部分人员将立即撤离上岸,并着手建站前期工作。整个大厅百十号人,鸦雀无声,静得可以听到人的呼吸声。没有一句说教,无须半点鼓动。上岸或留船都意味着什么,人人了然于心。首批登岸人员由副队长兼越冬队长高钦泉带领,包括了几乎所有科考队员和基础工程技术员,其他领导成员一律留船,有不少积极请战留船者,皆被劝告一切听从安排。人们怀着难以表述的心情,悄无声息地离开了大厅。

撤离行动立即展开,上岸人员一律穿上醒目的橙色救生衣,平添了惊险紧张的气氛。海面杂乱的浮冰块之间,已搭上木板,每个人每一脚每踏一步,都须倍加小心,以免跌落冰海。此时此刻,我走在队伍的第一组,心里恢复了平静。在跌宕起伏中跳跃前进,区区几百米的距离,用了比平时高出十倍的时间和百倍的力气。终于跳到离岸最近的冰块上,回首望去,由近及远,人和冰的互动,呈现一幅美妙无比的动漫景象:红与蓝的组合,茫然于一片白之中,摇曳蠕动,时隐时现。冰块的撞击声、脚踩的嘎嚓声、冰水混合的稀里哗啦声……与随后中山工地上的马达声、呐喊声、挖冰声、凿岩声,汇集成一支铿锵有力的胜利交响曲。这是钢铁与冰石的较量,更是热血与酷寒的博弈!

乱冰围船万千重,困不住116条英雄汉;

坚冰似铁万年寒,抵不过116颗红心志更坚。

五天后,普里兹湾迎来又一个风和日丽的朗朗天。

傍晚,直升机接连两次升空,传来大船左舷后侧冰山群出现一丝水道的信息。战机稍纵即逝,编队当机立断:背冰一战,突出重围,成败在此一举。“极地”船缓缓启动。这当口,百分之一百的海冰覆盖率,钢铁巨轮想挪动一下身子,谈何容易? 一旦搅动了海神,打破了宁静,“白色女巫”说不准会再次大发雷霆,如同人行雪山深谷,一句话,一声咳嗽,皆可能引来天地雪崩,后果不堪设想。魏船长的每一根神经都绷紧了弦,每一道操船指令都得经过大脑细胞的集体会诊,迅速决断。

时间在流逝，10分，30分，50分。巨轮悄然轻移，船体紧挨冷酷的巨大冰崖，队员们提心吊胆，站立船舷，轻抚徐徐滑过的冰身玉体，七个日日夜夜，与白色女巫生死

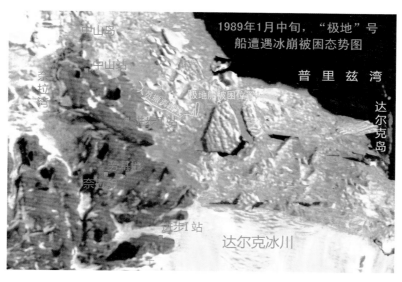

◎ "极地"船遭遇冰崩被困态势及人员冰上撤离路线图（国家邮政局黄山迎客松邮资片加印，盖雪龙船船舶邮政日戳及中国极地集邮展-香港纪念戳）

相处，恩怨情仇，感慨万千！想的是"流连忘返"，哼的却是"老朋友再见！"

"极地"号终于冲出了密集冰山的围困。历史定格在北京时间 1989 年 1 月 22 日 22 时 35 分。

极地船突出重围后不久，人员分批陆续上岸。乘建站工程尚无法全面铺开之际，科考队员们抓紧时机展开各自项目的观察与采样。我同舱室的海洋水文专家茹荣忠，为了给建站提供不可缺少的水文资料，在营地东南角老远一个岩礁岸边，三根木棍一块帆布，搭了个屁

◎ 海洋水文专家茹荣忠全神贯注观察海潮（张继民摄）

股大的帆布篷篷，挡风遮雪，饿了就啃几口冷馒头，困了就蜷缩在篷里打盹。如此没日没夜地守护着测量标杆，死盯 24 小时潮起潮落。他工作敬业，不善言辞，本分人一个。辛劳付出，换来站区精准海洋潮汐信息，为主体建筑施工区的上移，提供了重要科学依据。

12. 姗姗来迟"封杀令"

出征前在青岛码头,由浙江省邮票公司人员随清单交送我手中,分装在五只帆布大邮袋内的"中国首次东南极考察暨中山站建站纪念封",和相关的两枚纪念戳,连同从青岛市邮政局取来的南极中山站邮政日戳、油墨和胶皮垫等邮政用品自上船之后,一直存放在"极地"号船上一个不为人知的秘密场所——超声垂直鱼探仪实验室。因本航次无磷虾资源探测研究项目,而实验室又位于船艉二楼,偏僻清净,无人打扰,是我处理纪念封这样敏感物品的理想场所。

"极地"船一离开霍巴特港之后,我便开始拆包查验,进行作业前的准备和一些特殊邮品的预处理。五个帆布邮袋内的纪念封,全部以邮品专用纸盒分装,盒盖贴以专用封条并注明每盒内装产品信封 600 枚,共 46 盒满装,另有一盒仅 300 余枚,合计 27 900 余枚。纪念封全部贴有 1981 年发行的祖国风光普通邮票,普 21 雕刻版,编号 21 - 10(面值 30 分)和 21 - 14(面值 80 分)两枚,合计面值 110 分,为当时国内外埠标准邮资。

◎ 位于"极地"号船艉舱二层的鱼探仪实验室,近两万八千枚中山站建站纪念封,就在此销票盖戳

为保证纪念封戳记加盖质量,尽量少出残次品,这几万枚纪念封,除了留给考察队的 3 千多枚之外,基本由我一人经手销票盖戳。以每枚封加盖三个戳计数,总量在 82 000 次以上,工作量可谓不轻。鉴于南极环境的不可预见性与考察工作存在的不确定因素,我决定凡需移交浙江省邮票公司的纪念封销票盖戳,必须在登陆南极之前完成,尤其在中山站邮局开业之前要全部结束,并封包交付考察队带回青岛。

◎ 中国首次东南极考察暨中山站建站纪念封,贴票、邮政日戳销票和加盖纪念戳的标准样式,纪念封规格:长 179×宽 150(mm)

◎ 首次东南极考察暨中山站建站纪念封,少部分贴有 J132 辛亥革命领导人邮票

在船过西风带进入冰区航行之后,海况平稳,我的盖戳工作全面铺开。至登陆之前这段时间,是我精力集中,闭门作业效率最高的时间段。我的盖戳技术越发轻车熟路,得心应手,每天坚持 12～13 个小时,除了用餐,经常白天黑夜连轴转,手掌心一串的血泡,挑破了裹点纱布继续再干,困了,就在沙发椅上小睡一会儿。有近四大邮袋的纪念封就是在那些日子连盖戳、清理、点数、封包等一气呵成的。现在回想起来,的确年轻即本钱,不仅干活投入,不怕苦不怕累,而且,做任何事情都是"赶前不赶后",给自己留有余地,以应不测。

◎ 首次东南极考察暨中山站建站纪念封,贴 J133(1986)孙中山小型张样封

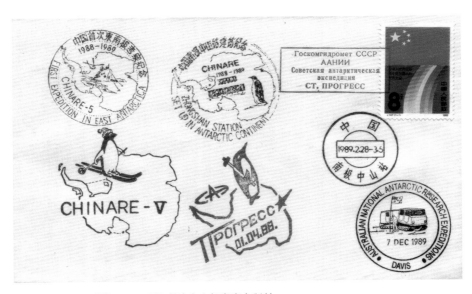

◎ CHINARE－5 系列 1988—1989 首次东南极考察自制封

情况果不出所料,当"极地"号一出浮冰区接近目的地,考察队上下,便立即全力以赴,一切工作围绕卸货运货和施工建站,连原先强调要重点保证的那一点点科考任务,也只能无条件服从建站这个大局。事情一桩连一桩,任务一项接一项不说,我自元旦前登陆住帐篷,之后,压根儿就再也没机会去鱼探仪实验室摸门把了,即使临时回船,也是有事被领导传唤而去。那几万枚纪念封若不是事先谋划趁早解决了,傻等到现在,任务肯定就泡汤。

常言道,天有不测风云,南极的天更是如此。说是正月里的太阳暖洋洋,仅仅几周时间,却已全无冰崩那会儿的热劲,取而代之的是从冰盖高原直泄而来的下降风,让人感觉一阵比一阵的寒冷,一天比一天的犀利。与气候变化相对应的是,工地上每天允许干活的时间,也一日比一日地缩短,队员们的心情也一天比一天地焦虑。为按期完成任务,大家唯有加班加点,向睡眠索取时间。站区工地的面貌,也随之日新月异地不断变脸。离 1 月 26 日建站奠基仪式这才十几二十天的功夫,经弟兄们日以继夜地忘我奋斗,中山站四栋高架式全钢结构主体工程中的三项:办公楼、宿舍和气象站,先后拔地而起。接下来,最艰巨也是最后的攻坚战——发电房,也在按照设计图纸进行模块组装和焊接,与之同步进行的是,深挖地基坑以及钢架水泥墩的浇灌。

天冷了,海面在寒风吹拂下如同速冻的牛奶,出现一层厚厚的凝脂。米洛半岛莫愁湖东畔的中山站工地,依然马达轰鸣,车行如梭。然而,越冬的燃油尚未卸完运足,南侧山坡下新近安置的一溜红色大油罐,5×50 吨的储量,才灌满五分之一。战斗正值白热阶段,北京发来加急电报称:"极地"号船绝不能重困冰海,封冻之前必须撤回。于是,有人已在猜测是否会加快工程,提前撤离云云。

我的任务,自春节之后几乎就是充当全职水手,不是登陆艇就是大驳船,跟着跑运输。2 月 10 日,我抓住大船往小艇上吊货的空当,到"极地"号船桥后会议室复印资料,忽闻广播电话说郭琨队长有事找我,正在船上政委舱室等着。我赶紧下楼前去,敲门进室,郭示意我先坐下:"老王,跟你说件事儿。""主任,什么事这么严肃?"我问。

老郭告诉说,考察队临出发前办公室接到国内邮电部邮政总局一份文件,说明在中山站邮局设立之后,邮戳只用于盖销考察队员个人集邮品,不接受单位制作的集邮品盖戳。一旁的"极地"船政委朱德修一脸严肃地插话说:"按文件规定,你这次带来的纪念封是不能盖邮戳的!"

这是我第一次听说邮政总局还有这样的文件和如此的规定，自然心里感觉不爽，也纳闷得很。因为从我的角度来看，这些事情完全是相关部门和单位之间早该协调好的。何况原则上讲，都是为了推进和宣传国家南极事业与集邮事业的发展。可这事儿又跟"极地"船八竿子打不着，你朱某起什么哄！还十足一副官腔。我当即回了他一个软钉子："我现在是在给考察队纪念封盖戳，是执行南极办交给的任务！除此之外，没有其他什么单位的东西。"

当然，事情的原委，老郭从前至后心里是小葱拌豆腐，可他因出征前已经到澳大利亚南极局，估计也没见到文件。另外，我会留下越冬也是南极办事前就计划定的。"这样吧老王，建站任务很快会结束，中山站邮局存在的时间也不会很久，大部队随时可能撤离。你回去整理一下，先把你保管的邮戳、油墨和胶皮垫子这些交回给考察队再说。"老郭平和而清楚地说明了情况和要求。

我起身回到舭舱鱼探仪实验室，先检查了一下台面上的一些封、片之类，看看是否还有要盖戳的东西，那五个装满纪念封的大邮袋，就在门后墙根儿静静地呆着。感觉没有什么落下的，我随即转身将邮戳等一些物件装进一小纸箱里，端着便返回到朱德修的住舱。他俩还在那里聊着，我将小纸箱搁在桌上，并交代了里面的东西，老郭看了一下点点头说："好的！"便继续谈他的事儿。我也随即出了门，回到鱼探仪实验室。

交了东西，我忽然感觉轻松起来。值得庆幸的是，该返回给浙江省邮票公司的纪念封 38 盒共计 22 500 枚，邮戳和纪念戳已加盖齐全，分装于四只邮政专用袋，并扎好袋口，待极地船回国后双方交接。另一邮政帆布袋内装有纪念封 6 盒共 3 400 枚，以及残次品 1 盒 330 余枚。这 6 盒纪念封依据协议将提供考察队使用，其中大部分未及盖戳，会由考察队接替完成剩余作业。而对我来说，"首次东南极考察暨中山站建站纪念封"的销票盖戳工

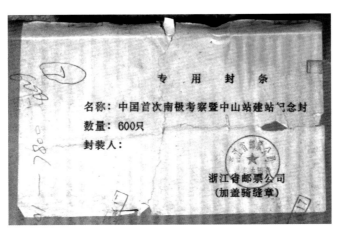

◎ 纪念封包装纸盒专用封条

作也就此结束。

　　南极的事情如同天气,说变就变,很难预测。就在建站结束之前的一个多星期,我再次奉命离站,上了苏联另一条考察船"白令"号,直至大部队撤离的那天,竟始终没有机会再回到"极地"船上亲自将纪念封与胡冀援交接,甚至连我原船上房间里的个人物品,也由别人帮我胡乱塞个纸箱送到站上。这些本倒也没什么大要紧的,关键是恰恰遗漏了我放在床头铁皮柜里的那个中号牛皮信封,里面包括15枚贴孙中山小型张邮票,我已盖好戳并请陈德鸿总指挥和郭琨队长签了字,还有以后要返还浙江省邮票公司的40枚纪念封,却是不翼而飞,迄今仍是不解之谜。

13. 白令光环留遗憾

◎ 原苏联"白令"号极地破冰船(国家邮政局黄山迎客松邮资片,盖雪龙船舶邮政日戳及中国极地集邮展香港纪念戳)

中山站的近邻俄罗斯进步站,因为从原先紧挨着冰盖的位置,整体外迁至现在的位置,几乎等同重建。新的生活栋(餐厅和活动室)、宿舍(分散独立结构)、机电栋(发电与机修)等主体工程,正全面铺开,都必须赶在冬季来临之前完工。可谓是和中山站面临同样艰巨的任务,同样恶劣的自然环境和艰苦条件,可谓一对"难兄难弟"。两者为实现各自的建站任务,此后展开真诚的相互帮助与互相支援,包括在水泥、钢材等建材物资上的互通有无,以及运输工具,技术力量、人员用工调配等多方面的合作。

1月29日下午,在前苏联第34次南极考察队总领队谢尔基·米哈依洛维奇的带领下,包括苏联极地破冰船"白令"号船长谢尔盖·沙赫诺夫及大副、轮机长等一行,访问了中山站。中方郭琨队长接待,我以科学家身份作陪兼翻译。宾主客套完毕便切入主题,访者说明来意:"白令"号昨天驶入邻近海域,承担进步站物资燃油补给等任务,因冰情所困,船只难以靠近,苏方几个集装箱和大型建筑钢构件无法使用"米8"直升机吊运,请求借用中方驳船和吊车,是否可行。可眼下,中方为夺回因先前"冰崩"耽误的时间，正日夜突击卸运建站物资，至目前，货运量还不到总量的一半，而驳船和吊车正是作业的主力器械。老郭让我跟苏联朋友讲明情况，并解释说：中苏两站是友好邻居，苏方有困难，我们一定全力协助，借用驳船和吊

◎ 被浮冰围堵的中山站临时码头，作业中的吊车和驳船

车没问题，但使用时间是否两家统一调配。接着，我们陪同着苏联朋友一起来到临时码头，视察了正忙乎着的驳子和吊车。"白令"号船长沙赫诺夫边看边竖大拇指："Хорошо！Очень хорошо（好，很好）！"经与"极地"号船协商，苏方的第一次借用时间确定在明天（30日）下午 18 时开始，另外还告诉对方，我会提前上"白令"船协助工作。苏联朋友听后，乐呵呵地返回了进步站。这是我有缘与"白令"号合作的开始。

◎ "中山"艇推进驳船日以继夜不畏艰险，穿梭冰山之间，为中、俄两站转运物资和设备（东南极考察与中山站建站 20 周年个性化邮票）

"白令"船与"极地"船此时都锚在冰区外的开阔水域，两条船上的许多大件物资如集装箱式宿舍房、建材和油罐，以及工具车械等，都只能依仗中方的小艇和驳船运送，增加友邻站的运输任务，实际上等于压缩自己运输作业的时间，唯一的解决办法只能是加班加点，歇人不歇艇。

　　进入 2 月份之后直至建站结束的这段日子，我几度调往"白令"号船，协助苏联船长指挥、协调双方大轮、小船之间的装卸作业，吃、住在他们船上，少则一日，多则三四天。

　　"白令"号船以俄罗斯著名北极探险家白令的名字命名，俄语全称"ВИТУС БЕРИНГ"，中译文"维都斯·白令"。白令（Vitus Jonassen Bering）1681 年 8 月

◎ 苏联纪念白令诞辰 300 周年纪念首日封

◎ 苏联 1966 年发行白令第二次远东探险航行 225 周年与白令岛地理位置纪念邮票

出生于丹麦霍尔森斯,少年时即有志于航海与冒险,1703 年加入新组建的俄国海军,因其在与瑞典的征战中表现出色而得到重用,并很快提升为舰长。18 世纪初,崛起中的俄罗斯东征西战,开疆扩土,走向强国之路。彼得大帝非常赏识白令的能力与胆识,并亲自委以俄海军部远东地区大探险总领队的重任。

1725—1730 年期间,白令率队进行第一次远征,跋山涉水 8 000 余公里,历尽千辛万苦,于 1728 年到达亚洲最东端海岸,确认了亚、美大陆之间海峡的存在。白令对所经地域进行了详细

◎ 丹麦 1941 年发行白令远东探险纪念邮票

的地理勘测和绘图,为后人留下宝贵资料。1733 年初,白令奉命再度率队进行第二次远征。这次探险持续 8 年之久,活动范围较前次更大,包括鄂霍次克海地区、

堪察加半岛等北太平洋沿岸。1741 年 7 月白令率船队从堪察加半岛东岸的滨海基地彼得罗巴甫洛夫斯克出发,渡海沿阿留申群岛南岸东进,并登陆阿拉斯加南岸。天气的恶劣,食物和药品的极度缺乏,导致探险队先后有 28 人因坏血病不治而亡,白令自己也病魔缠身,无法继续指挥,船队被迫返航。1741 年 12 月 19 日,白令终于在科曼多尔群岛一无名小岛离开人世,结束了他伟大的探险生涯。

◎ 苏联 1981 年发行纪念白令诞辰 300 周年邮票

　　白令的东征与探险,对人类认识地球作出了重要贡献,对俄罗斯的东扩直至北美阿拉斯加,可谓立下了汗马功劳。后人将亚、美大陆之间的海峡命名为白令海峡,将阿留申半岛以北海域命名为白令海,并将他最后离世的小岛命名为白令岛。俄罗斯人和丹麦人同为白令而骄傲,两国先后发行邮票以示纪念。

　　白令头上的光环,并未因时间的远去而黯淡,而沙俄帝国更是紧随着他的足迹大举向东扩张。至十八世纪后期,俄罗斯人相继经阿留申群岛进入阿拉斯加,至十九世纪初,基本确立对阿拉斯加的殖民主权,使庞大的沙俄帝国在美洲拥有了稳固落脚点。

◎ 购买阿拉斯加是美国国家历史的里程碑,图为塞舌尔发行的阿拉斯加地图和美方当事人威廉·西沃德肖像的纪念邮票

　　阿拉斯加貌似一片皑皑白雪覆盖着的巨大荒原,在近 200 年的时间内,沙俄并未从中获取更多的经济利益。19 世纪中叶,俄国疲于欧洲战争,沙皇与其幕僚们无暇顾及这片遥远的俄罗斯属地。1867 年 3 月,俄、美就阿拉斯加的买卖进行谈判,最后以区区 720 万美元成交。美国人将这一天定为"阿拉斯加纪念日"。这是人类历史上最大也是最离奇的一宗土地买卖。

　　俄罗斯原以为用大包袱换来 720 万美元,似乎捡了古往今来从未有过的大便宜。可随着时间的推移,当人们逐渐揭开广袤白色冰原那层薄薄的面纱,阿拉斯加终于显露其尊容与富贵。俄罗斯人大呼吃亏,但悔之晚矣!美国人则窃喜不止,不仅因为那里有取之不尽的黄金与黑金(石油天然气),更重要的是,正是阿拉斯加,使原本与北极八竿子打不着的美国,竟堂而皇之俨然成了北极国家,这才是真真切切捡到了天大的便宜。

◎ 1912 年中华民国试印的中国领土版图邮票（未正式发行），依然包括外蒙以及乌梁海等中国北方部分领土

与之成鲜明对比的是，从十六至十九世纪期间，沙俄乘人之危以卑劣手段先后强占中国北方领土总计超过 300 万平方公里，两倍于阿拉斯加的土地。同时以无比的暴戾与血腥，驱赶、杀戮祖祖辈辈休养生息于那里的华夏分支部族。因而，沙俄帝国在远东的扩张，对于中华民族来说，绝对是天大的灾难和永远的伤痛，中国人民不可能忘却那段悲愤与屈辱的历史。

14. 莫斯科中山大学

　　达尔克冰川前沿的大规模冰崩,已过去 20 来天,可米洛半岛东岸海面仍然被大量漂浮的冰块所封堵。气候的急速转冷,海冰覆盖面积与密度陡然同时加大,使海上运输作业的难度和工作量随之大增,中、苏两站的物资卸运陷入前所未有的困境。驳船的前行动力主要依赖中山艇的推进,一前一后,艰难地在冰山群中左右穿梭。为看清小艇行进前方的冰情,驳船上得专门有一位引航员站立高处作观察,并不断用手语给后面小艇指引航道和方向、提示控制速度和规避冰山。引航与操艇之间存在的信息传递时间差,成为影响小艇把握方向、调控速度的关键节点,稍有延误或闪失,很容易使驳船与冰山发生擦碰,"引航员"轻则站立不稳,重则跌落冰海。

◎ 苏联第 33 次南极考察纪念封,盖有"维多斯–白令"号船纪念戳和船长签字戳

　　肆虐的狂风渐渐消停,就像一个恶作剧的汉子,闹腾够了,累趴了才收手;而

◎ "白令"号船桥，笔者与船长、大副合影

狂浪却像一个泼妇，不管曲终人散，仍在骂骂咧咧，没完没了，迟迟不肯歇气。摇曳的中山艇和驳船，如同逃命而过的货郎担，战战兢兢，护着两头，夹缝中求生存。

冰盖持续的下降风导致气温剧降，海面薄冰的厚度陡增，从5～6厘米增至8厘米、10厘米。冰薄时，驳船可以硬往前冲，直压冰层。冰太厚，就需要长城艇在前破冰开道，后面中山艇加力顶着驳船方能行进。此情此景，船桥上的沙赫诺夫船长看得发呆，直跟我夸口："你们的小艇，简直是世界上最小，也是最勇敢的南极破冰船！从没见过的奇迹！"的确，我们的水

◎ 苏联分别于 1966 和 1986 年发行的孙逸仙诞辰纪念邮票

手们无所畏惧，真是好样的。话虽如此，可来回一趟要花费 4～5 小时，甚至半天，人累不说，运输效率提不上去，每日就是昼夜连轴转也跑不了几趟。

◎ 邓小平和蒋经国曾为莫斯科中山大学昔日同窗，大陆（1997）和台湾（1998）分别发行过两位的肖像邮票

沙赫诺夫看着窗外若有所思，忽然问我，你们的小艇取名"长城""中山"，还有考察站也叫"中山"是什么意思。我跟他解释说，"长城"意为"Великая стена"，"中山"源自孙逸仙的名字（"Чжуншань"из"Сунь Ятсен"имя）。一说"孙逸仙"，沙赫诺夫

马上笑着说："Это，Я Знаю(哦，这个我知道)！"并告诉我：在莫斯科，很久以前苏联曾为中国办过一座大学，就叫"孙逸仙大学"，很多苏联人都知道，那座学校的楼房现在还在呢！这不禁让人想起那座曾经很有名气的莫斯科中山大学。当年，孙先生倡导"联俄、联共、扶助工农"的三大政策，他病逝后，1925 年 10 月，苏联为纪念他而出资创办这所大学，以帮助国共两党培养革命人才。学校办了 5 年，共接纳 859 位选自中国的青年精英。王明、博古、陈昌浩，以及张闻天、王稼祥、邓小平与蒋经国、左权、邓志刚、屈武、谷正纲等国共两党许多重要人物都曾出自该校。莫斯科中山大学和广州黄埔军校，是第一次国共合作期间仅有的两座为两党培养了大批革命军政骨干的摇篮。而今，南极"中山站"的诞生，也有可能成为将中俄、海峡两岸和南极连接在一起的新纽带。

24 日晚，结束了一天的苦斗之后，"白令"号将我方 1 号驳船吊上甲板，协助送至冰区外的极地号船。而后，长城艇又从极地号船向白令号转运了约 10 吨浇注混凝土用的袋装小石子，等待天明后让"米 8"直升机吊运至中山站。

狂风吹散了浮冰，取而代之的是两米高的狂浪，给海上作业带来更大的凶险。平底的长城艇，在波峰波谷中跌宕起伏，不时与高大的钢铁巨轮猛烈冲撞，人员无法站立，船艇极难靠拢。突然，8 mm 粗的钢缆被挣断，反弹回来的"钢鞭"，飞速与就近作业的水手擦身而过，看着心惊肉跳；而每次放钩、起吊，小艇上下颠簸，推磨般来回与大铁钩或吊斗亲吻，几乎掀掉驾驶台，让人不寒而栗。折腾了大半夜，水手们可谓九死一生，总算把小石子全部弄上了大船。翌日，陈总指挥听闻此事，颇为揪心，牵挂船员们的安危，禁不住忿忿道："运那些石子干什么，多大的代价？不出事故真是万幸！"

◎ 集黄埔军校生和莫斯科中山大学学员双重身份的八路军副总参谋长左权将军极限明信片

25 日，中山艇和 2 号驳船继续为"白令"船往进步站卸运物资。临近午夜，目送最后一趟小艇离去，我返回船桥，极度的疲惫与挡不住的困倦，往靠背椅上一坐便打盹。不一会儿，似乎感觉有人轻拍我的肩膀，睁眼一看，正是船长沙赫诺夫："Товарищ Ван，твой телефон（王同志，你的电话）。"我勉强起身去接。电话那边，郭琨的声音："王自磐，你们辛苦啦！现在时间很紧，气候与海况也愈来愈严峻，明天大部队可能要撤离，所以，请你与苏联同志商量，在小艇和驳子回到"白令"号这儿后，让大船协助我们的艇和驳子连夜返回极地号船"。我回了一声"好的，知道啦！"便转身将情况说予船长，并征求他的意见。沙赫诺夫听后，看了看手表，停顿了一小会说："没问题，不过，今晚我们大家都不能睡觉了。"说罢，离开了船桥。我估计他是赶着去交代任务，便迷迷瞪瞪返回靠背椅，继续打我的盹儿。

我再次被人推醒，发现身上多了一件大衣，是沙赫诺夫船长的。"Спасибо！"我向他表示了谢意。他笑着告诉我，我们的小艇回来了。

按我和船长商定的方案，是将驳船吊到"白令"号甲板上，让小艇跟在大船后面，沿着破冰航道走就行。等大船调整好航向，我即用对讲机告诉驾艇的袁克华：大船在前，小艇跟上，注视前方，保持百米距离。约摸半小时之后，袁克华呼叫说小艇跟不上，距离拉开了。我赶到船艉，天太黑，但见远远的一点烟屁股般暗淡灯光却不见小艇身影。袁在对讲机里说，艇上的双马达坏了一个。小艇成了跛脚鸭，事情就很麻烦。我立即呼叫船长减速。

此时，海上风势加大，夹杂着雪粒子，打在脸上生疼。海面划开的航道又被大块的浮冰封堵，无奈只能让大船返回去接应小艇，可又看不清小艇确切位置。船上打开探照灯，沙赫诺夫谨慎指挥，"白令"号稳稳推开大板冰，小艇顺势跟进，来回折腾，费时费力。时间已近凌晨 2 点，我建议把小艇吊上来算了。不一会儿，极地号魏船长呼我："老王，天色太黑，太危险，跟苏联船长说还是明天上午再弄吧！"沙赫诺夫表示赞同。由于人在灯光下看远处几乎没有视觉，这大半夜我只能呆在舱外，眼睛死盯海面，勉强看见小艇的依稀轮廓，手脚却冻得麻木不仁，最后自己都不知道怎么回的舱室。

翌日晨，我睁开眼，舱室明亮，时间已过 9 点。似乎昨晚大家都没怎么睡，餐厅这会儿人还蛮多。我拿了一块黑面包，一个烤土豆，端上一杯牛奶就在边上漫不经心地享用起来。俄罗斯人的黑面包很好吃，咬着有劲，尤其再抹上黄油、蜂蜜和巧克力酱。

船窗外，大雪纷飞漫天白。"白令"号不知什么时候已启动，徐徐行进在密集冰区，稳稳朝进步站方向靠拢。透过弥漫的雪雾，先是拉斯曼丘陵的轮廓，而后中山站、进步站的身影逐渐显露。白令号离岸近在咫尺，"米8"直升机并不在乎这种雪天，继续轻车熟路地忙着往站上吊运越冬食品补给、小物件品、煤气罐和桶装燃油。

　　船桥由大副当班，沙赫诺夫船长得空回房补睡觉去了。说实在的，在风云莫测的南极冰海行船，作为一船之长，命系全船，无疑比谁都费心劳神，中外都一样。沙赫诺夫船长待人和善，挺容易沟通的一个人，有经验又有责任感。如果抛开中苏交恶的历史背景，这些苏联朋友很难与上世纪六十年代"珍宝岛事件"穷凶极恶的"苏修"对上号，反而让人联想当年撤离中国前，苏联专家手把手给中方传经送宝的故事。中国和俄罗斯，国土相连，可谓拆不散，打不烂，天生一对冤家，就在南极(无论长城站还是中山站)两家还紧挨着，难分难舍！

◎ "白令"号船行进在近岸高密集海冰区(国家邮政局黄山迎客松邮资片加印，盖雪龙船舶邮政日戳及中国极地集邮展-香港纪念戳)

　　中午时分，风雪减弱。"白令"号再次调转船头，驶出冰区，"极地"号正在不远的开阔水域，相向而行，迎候"白令"号的到来。

　　沙赫诺夫船长正靠在船桥左舷凸出部位的窗口向下观察，见我过去便转身跟我说，等大船停稳了就放你们的小艇和驳船。我即呼叫小艇，袁克华应答，人都在甲板上，随时可放艇。没多久，艇和驳船先后吊至海面，水手们系好缆绳，转身面向大船，与苏联朋友们相互敬礼、挥手致意，袁克华在对讲机里与船长和我道别。小艇推着驳子径直奔向"极地"号。不到一个小时，那边，"极地"号汽笛长鸣，这边，"白令"号鸣笛回应。霎时间，这声响，海空上下，由近及远，激荡心弦，震撼冰洲。

15. 中山邮局初开业

1989 年 2 月 26 日，在中国极地科学考察发展史上，是个意义非凡的光荣日子。东南极大陆的伊丽莎白地拉斯曼丘陵，接受了来自北半球人类古老东方民族的第一次文化洗礼。短短的两个月时间，116 条硬汉，冰崩不折腰，酷寒不低头，顶住超强的体能透支，挑战不可能。新站拔地而起，创造人间奇迹，世界为之刮目，苍天为之动容！中山站的建成，使中国人在南极大陆拥有了自主的科考站，有了日后深入冰雪高原腹地，进行更大规模南极科考的桥头堡，而未来中国设立的高纬度高海拔南极内陆站邮政局，也必将从这里延伸。

◎ 中山站落成典礼个性化邮票

午后，云薄雪稀，丘陵地上空骤然亮堂了起来。莫非真是天若有情天亦明，老天爷似乎很给面子，明白这最后的时刻意味着什么。

"白令"号船长一脸的开心，他和大副、二副均已收到邀请，将作为特邀嘉宾参加下午中山站落成典礼。喜庆佳日，这在每日极其单调地打发日子的南极，无疑是最让人期盼并感到愉悦的时光。船长特地告诉我，已经通知米 8 直升机待会儿先送我回站，他们几位需洗漱换装礼仪一番，随后再飞过来。我向船长和大副深表谢意之后，即转身下楼取了行李，直奔停机甲板，结束了短暂而难忘的"白令"号船上的日子。

阳光透过薄纱，洒落满地金黄一片，辉映于大红建筑物的靓丽体壁上，将站区染成橘色的浑然世界。

中山站的队员们已陆续接到命令，以最快的速度结束工作。一大早，部分队员就开始清理办公栋前的场地，崭新的高架式集装箱组合建筑上方已经拉起了红色横幅,"中国南极中山站落成典礼"一行白字醒目,左侧三根旗杆上的中国、澳大利亚、苏联三国国旗迎风招展。建站如期完成,人们显得愉快和轻松,也有少数队友因为可能留下越冬,而流露出说不上是高兴还是将与队友惜别的复杂神情。

对于集邮爱好者来说,"中国南极中山站邮政局"今天挂牌正式开业,真可谓三喜临门:一是,中山站大功告成,可以向祖国亲人们响亮交代;二来,中国最南端邮局开张,手捧珍贵南极中山站邮品,将会与家人、邮友们快乐分享;三因,终于盼来撤离时刻,这意味着返程将至,与家人团聚指日可待。

◎ 中山站邮局首次开业,队员们争相购买集邮品和加盖邮戳(国家邮政局黄山迎客松邮资片加印,盖中山站日戳及南极纪念戳)

◎ 考察队员自制中国南极中山站建站纪念封,在中山邮局加盖日戳、纪念戳(1)

事实上早餐后,就已经有人陆续来到办公栋正门的内侧过道,不多久这里便人群涌动,热闹非凡。队员们手中拿着许多自行设计制作的中山站建站纪念信封和各式集邮品,纷至沓来,赶在邮局开张的时间节点盖戳。

◎ 考察队员自制中国南极中山站建站纪念封,在中山邮局加盖日戳、纪念戳(2)

由于天气的原因,戴维斯站的嘉宾左等右盼不能来。时间无情,飞驰不停。5时许,中国南极中山站落成典礼终于举行。一时间,鞭炮齐放,鼓锣同鸣,惊醒了沉睡中的东南极古陆,冰洲大地正经历着一次从未有过的来自东方古国的文化洗礼。高振生副站长宣读了国务院、国家南极考察委员会、国家海洋局的贺电;陈德鸿总指挥致词之后,在一片热烈掌声中,由中国改革开放的设计师邓小平同志亲笔题词"中国南极中山站"铭牌隆重揭牌。随后,来宾们纷纷祝贺,有苏联第 34 次南极考察队领队和随队专家、进步站正、副站长和"白令"号船长、大副等,以及澳

◎ 苏联"米 8"直升机帮助中方队员在风雪中快速撤离(国家邮政局黄山迎客松邮资片加印,盖中山站日戳及南极纪念戳)

大利亚滞留劳基地的直升机机组人员。郭琨站长代为宣读了戴维斯站发来的传真贺电,并宣读了中山站首次越冬队队长高钦泉及余下 19 名越冬队员名单。

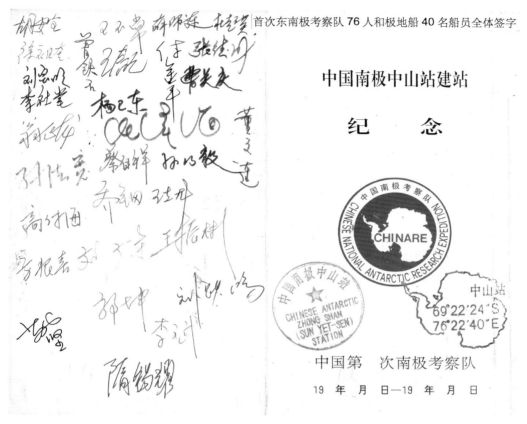

首次东南极考察队 76 人和极地船 40 名船员全体签字

中国南极中山站建站

纪　念

中国第　次南极考察队
19 年 月 日—19 年 月 日

◎ 中国南极中山站建站纪念卡正面(船和队 116 人全体签字)

　　仪式简短而热烈,典礼一结束,大部队随即开始撤离。老天爷似乎掐着钟点开始飘洒雪花,以此催促人们加快行动。队员们纷纷将各自的行李往外搬,你来我往,办公栋外空地上,东一堆西一摊的,场面显得有点凌乱。一些动作快的队员急冲冲开始扛着行李奔向海滩边,那里将是直升机降落的临时停机坪。归心似箭,心情可鉴,但慌则生乱,不可没了规矩。高振生不得不唬着脸,招呼各班班长带好自己的人马,听从统一安排。

　　原计划打算用随船直升机撤离,人员能直接上"极地"船。可"铃 206B"毕竟太小,人员携行李一次只能走 2 人,五六十人带着行李及部分随身器材,直升机来回少说也得飞上四十来趟,天黑前肯定玩儿不转。眼看着风雪愈刮愈烈,如此态势,唯有再次请老大哥出手相助了。

苏联朋友二话没说，当即"米 8"机就飞来中山站接人。经过协商，最佳途径是，"米 8"先将中山站撤离队员直接送"白令"号船甲板集结，再由"白令"号船运出冰区至"极地"号船跟前。再由我方小艇转运至"极地"船。"米 8"的肚子就是能装货，一次就塞进了十几号人，仅仅飞了 5 趟就连人带货全部搞定。

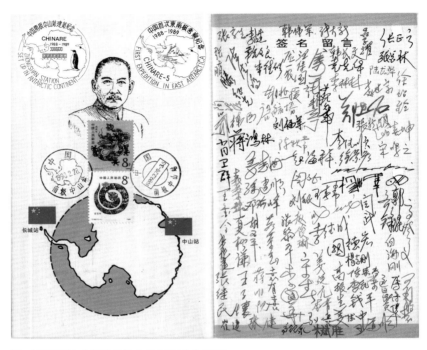

◎ 中国南极中山站建站纪念卡内页（全体签字）

◎ 南极中山站建站后，经戴维斯站邮局实寄，1989 年 3 月最后航班的船只带出，送达霍巴特市邮局，杭州 4 月 21 日收到

有朋友曾问起,当初为何搞得那么紧张,将所有活动包括落成典礼和中山站邮局开业、考察队撤离等全搁在同一天? 长话短说:一是本次考察上下齐心,战胜冰崩围堵,中山站建站的中心任务提前完成,奇迹铸就,铁板钉钉。如果最后船队安全撤回,则功德圆满,向国内提交一份特别出彩的答卷,更无悬念。二是2月下旬拉斯曼丘陵天气急剧变坏,船队安全风险剧增。现在问题的关键是,必须赶在东南极恶劣天气到来之前,尽快脱离险境。形势逼人,返程心切,唯一的可行之策,无非是船队撤离愈早愈好。于是谋定而动,废止2月28日中山站落成典礼和大部队3月5日撤离的原定方案,改为2月26日同一天内举行中山站落成典礼和完成大部队撤离的一揽子计划,最终报请国内批准后随之实施。自然而然,有关中山站邮政局的开业与关闭,也只能在2月26日一天之内结束。

中山站邮局从当日上午9时开张,至下午6时关闭。毫无疑问,首次开张的中国南极中山站邮局,是世界上存在时间最短的国家级驻外邮政局。在撤离的最后时刻,临时"局长"胡冀援先生,将桌面上的全部家当收入单肩挎包,又起身摘下门上的铜质邮局铭牌,连同一些杂物,放入一个不大的纸板箱内,而后,挎上包提着纸板箱,匆匆走出楼门。雪中的傍晚,天色格外灰暗,他下意识地朝北方天空凝视,许久才走下台阶,步向海滩。直升机叶一直在急速打转,两名撤离的队员帮他提着纸箱,一起登机。

自20世纪30年代,美、英等国最早在南极建站并设置邮局,开展极地邮政业务,同时,也借此彰显各自国家的南极权益,并记录探险与考察历史。随后,几乎所有的南极国家纷纷起而效仿。作为国家邮政,其规制的严肃性自然无可质疑,也不可违反。我国南极考察站邮局在无邮政人员主持工作期间,通常不配用活动日期邮戳的缘由,主要是为防止有人倒拨日期违规使用。但天有不测风云,尤其南极气候与环境的复杂多变,往往得不到老天爷的配合与默许,极有可能事与愿违。按下葫芦浮起瓢,配用预制固定日期邮戳,同样会出现邮戳日期与实际使用完全不符的情况。中山站建站期间中山站邮政局的开业,无论你怎么做,都无法循规蹈矩按规定期限使用邮戳,出现如此的尴尬,让人既无奈也无语。

16. 寂寞嫦娥舒广袖

　　1989 年 2 月 27 日上午,"极地"号一声长鸣,告别了曾经石破惊天,拼死博弈过的拉斯曼冰海雪岭,带着伤痕,破浪北去。

　　岁末年初,船来船走,米洛半岛风雪依旧,而裸露荒芜的岩岗,已发生翻天覆地的变化:醒目的大红建筑群,成排的大油罐和连片的无线电天网自天而降中国南极中山站横空出世,麻雀虽小五脏俱全,集能源、动力、气象和指挥之大全,俨然一座永久性南极科考站的基本阵势。但接下去,全套建筑物内部的整合与装修,包括五台发电机组的试车并网,动力、供暖、管道,以及生活和工作等各个环节与系统设施的相互衔接,尤其功能磨合与持续运转等,都务必赶在极夜到来之前完成配套并获得验证。重担,无疑落在了北海船厂的几位师傅和相关专业技术人员的身上。

◎ 船队撤离,中山站满地洁白,风雪中南极"布达拉宫"依然挺立(国家邮政局黄山迎客松邮资片加印,盖中山站日戳及南极纪念戳)

冰川显露出倦态，山丘恢复了宁静。

大船北撤，带走的是人声鼎沸车水马龙，留下的是 20 条硬汉困守孤站。而接下来，留守者们将全然面对一个真实版没有商店、没有女人、没有色彩的三无世界，弟兄们随之开始的，将是隔绝于世日复一日的单调又寂寞的另类生活，一种全无体味也未曾经历过的生活(除笔者之外)。

茫茫寒冬，说来就到；风雪肆虐，万物皆空。南极让人恐惧的冷酷无情和逼人抓狂的孤独无援，诱发人们忧郁狂想并发症的例子并不鲜见。当年南极半岛天堂湾畔的阿根廷布朗海军上将站，一名队员因为恐惧南极"天堂"的万籁无音而精神崩溃，从沉默寡言到歇斯底里发作，堂堂七尺男子，一念之差竟纵火焚毁站区主建筑。最终，虽人员获救，但考察站却因此不得不被遗弃。数年之后，此地略加修缮，竟改造为专营旅游的接待站。

南极，距人间很远，离天堂很近。"天堂"是圣洁与美好的代名词，包含着人们的种种期许与念想，甚至成为一些人向往与追求"未竟事业"的最后归宿。无论西方、东方，自古对"天堂"就有着许多美丽的传说。笔者自幼就对故乡"上有天堂，下有苏杭"的风土谣谚耳熟能详。

◎ 中国古代神话嫦娥奔月邮票(1987)

◎ 汉画像石嫦娥奔月邮票(1999)

南极，每当风雪过后，夜色清澈，众星闪烁，皓月当空，触手可及，让人陶醉。就连月宫嫦娥也不忍冷清，隐约之中漫步后花园，乘兴翩翩起舞。"寂寞嫦娥舒广袖，万里长空且为忠魂舞。"伟人毛泽东脍炙人口的诗句，不仅在中国，也在世界广为传诵。嫦娥，人美舞姿更美，无论天堂、人间都是出了名的。不过，通常凡人在国内除了黑龙江漠河,难见真容。而今,身处南极大陆,每逢晴空之夜,人们有幸大饱眼福。君不见,极光神奇贯北南,时而亮绿时而蓝,婆沙阿娜飘长空,疑是月中嫦娥来。

◎ 希腊神话忒亚与其孪生子女,太阳神和月亮女神(希腊邮票,1974)

无独有偶,在西方文明古国希腊,相传神话中泰坦神休佩里翁与忒亚(Hyperion & Thea)所生孪生兄妹,即太阳神赫利俄斯(Helius)与月亮女神塞勒涅(Selene),其小妹伊欧斯(希腊语:'Εως)即黎明女神,在古罗马神话中称之为"Aurora"(拉丁语)奥罗拉。

世人对神秘莫测的极光有许多种说法。挪威人传说极光是"进入天堂少女的灵魂",古代芬兰人说"神奇的狐狸在雪地奔跑,尾巴扬起的雪花,因月色的映照变成美丽的极光"。难怪,在芬兰语里北极光(Revontulet)有"狐狸之光"之意。但更多人相信,极光是"太阳升起之前的晨曦之光"。大科学家伽里略,喜欢把极光称作"黎明女神奥罗拉"。英文中极光一词"Aurora(奥罗拉)"由此而来。

在中国,相传公元前两千多年的一天,随着夕阳西沉,夜幕悄悄张开它黑色的翅膀,将神州大地的远山、近树、河流和土丘,以及所有的一切全都掩盖起来。旷野上,一个名叫附宝的年轻女子独坐,她眼眉下的一湾秋水闪耀着火一般的激情,显然是被这清幽的夜晚深深地吸引住了。夜空像无边无际的大海,显得广阔,安详而又神秘。天上的群星闪闪烁烁,静静地俯瞰着黑魆魆的地面。突然,在大熊星座中,飘洒出一缕彩虹般的神奇光带,如烟似雾,摇曳不定,时动时静,像行云流水,最后化成一个硕大无比的光环,萦绕在北斗星的周围。其时,环的亮度急剧增强,宛如明月悬空,向大地泻下一片淡银色的光华,映亮了整个原野。四下里万物

◎ 中山站美丽极光个性化邮票(2008 发行,照片1989 年 3 月 8 日拍摄)

◎ 波兰邮票上的南极光

清晰分明，形影可见，一切重现生动鲜活。附宝见此情景，心中不禁萌动，由此便身怀六甲，生下了儿子。这男孩就是黄帝轩辕氏。以上所述可能是世上关于极光的种种古老神话传说。

其实，极光是天空中一种特殊的光，是地球上最美丽壮观的自然奇景之一，也是人们能用肉眼看得见的唯一的高空大气放电现象，它常常出现在南、北半球的高纬地区，主要在南极区和北极区，人们分别称之为北极光和南极光，泛称极光。长期观测结果表明，极光最经常出现的地方是在南北磁纬度 67 度附近的两个环带状区域，分别称作南极光区和北极光区。在极光区内差不多每天都会发生极光。在中低纬地区，尤其是近赤道区域，很少出现极光，这并不是说绝对没有极光。1958 年 2 月 10 日夜间的一次特大极光，就曾延伸到热带，

◎ 制作中山站首次越冬纪念戳所用的笔者原始画稿之一

几乎世界各地都能见到，而且显示出鲜艳的红色。这类极光往往与特大太阳耀斑暴发和强烈地磁暴有关。

在寒冷的极区，人们举目瞭望夜空，常常见到五光十色，千姿百态，形状各异的极光。极光形体的亮度变化也是很大的，从刚刚能看得见的银河星云般的亮度，一直亮到满月时的月亮亮度。在强极光出现时，地面上物体的轮廓都能被照见，甚至会照出物体的影子来。最为动人的当然是极光运动所造成的瞬息万变的奇妙景象。极光的运动变化，是自然界魔术大师以天空为舞台上演的五彩神剧，上下纵横成百上千公里，甚至近万公里长的极光带。如此宏伟壮观的自然景象，像沾了仙气似的，颇具神秘色彩。更令人叹为观止的则是极光的色彩，早已不能用五颜六色去描绘。说到底，其本色不外乎是红、绿、紫、蓝、白、黄，可是大自然这一超级画家用出神入化的手法，将深浅浓淡、隐显明暗，搭配组合，变成了万花筒。据不完全统计，目前能分辨清楚的极光色调可达一百六十余种。

极光这般多姿多彩，如此变化万千，又是在这样辽阔无垠的穹窿中、漆黑寂静的寒夜里和荒无人烟的极区，此情此景，此时此刻，面对缤纷极光变幻，人们无不

◎ 1989 年 2 月 28 日,中山站迎来南极长夜的第一缕极光,拉开首次越冬序幕(国家邮政局黄山迎客松邮资片加印,盖中山站日戳及南极纪念戳)

心醉与神往,而纵有生花妙笔,也难以描述其神采其气势,其秉性与脾气于万一,而词典中所有赞美的字眼,在极光面前均显得异常的苍白无力。无怪乎在众多探险者和旅行家的笔记中,在描写极光时往往显得语竭词穷,只好以"无法以言语形容"之类的话作为遁辞。

◎ 中国探月首飞纪念邮票(2007)

在很长时间内人们猜测极光的成因,认为是红日西沉之后反照出来的辉光;也有人认为,极地冰雪丰富,白天吸收阳光,贮存起来,到夜晚释放出来便成了极光。直到 20 世纪 60 年代,人们将地面观测结果与卫星和火箭探测到的资料结合起来研究,才逐步有了科学的描述。而今,人们认识到,极光是地球高空大气层中各种带电粒子的大规模碰撞而发光,它一方面和地磁场的相互作用有关,另一方面又与太阳喷发出来的高速带电粒子流,即通常所称的"太阳风"有关。

面对极夜暴风雪的肆虐,拼搏于荒芜冰原的越冬队员,时时期盼黎明女神的到来。待到风停雪止,极光自会前来陪伴,不免让人由衷地欣慰,茫茫苍穹似乎不再那么寂寞和孤独,黎明之光的绽放与灿烂,预示着漫长寒冬终将过去,春天已经不远。

极光的奇幻与绚丽多姿,使之在所有极区特色自然景观中独占鳌头,因而也成为各国极地集邮票品画面的首选图案,并为广大集邮爱好者争相收藏。1989年2月28日(原定南极中山站落成之日),我国邮电部发行了"中国南极中山站建站"纪念邮资信封一枚,主题图即为:南极冰雪夜空,高架式红色建筑之上,极光舞动。信封图案的如此情景设计,既惟妙惟肖,还十分灵验。君不知,就在国内集邮者喜获新品的当日晚上,万里之遥的南极中山站星空无垠,午夜时分,极光婀娜,竟不期而至,极为神奇罕见。因为通常每年第一缕极光总是姗姗来迟,真还得再等上十天八天才能一睹芳容。很遗憾,船队的提前撤离,竟使众多弟兄痛失观赏极光的难得机会,可谓失之交臂。

值得一提的是,首次南极中山站邮局的开业,因为考察队的提前撤离而相比原限时邮政日戳的规定日期提前两天,并在同日关闭。其结果是,实际营运时间仅为一天,又完全不在限定日期之内。这让集邮者们感到尴尬和遗憾。因为,从严格意义上讲,这不仅造成邮电部发行的JF20邮资封有关南极中山站建站日期的信息竟成乌龙,进而造成所有使用该邮政日戳销票的邮品,均与事实不符。另外,在当天南极中山站邮局运营现场,并未见销售JF20邮资封,而今国内市上所见以南极中山站邮局1989年2月28日至3月5日限时邮戳盖销的JF20邮资封,令人生疑。

◎ 邮电部1989年2月28日发行"中国南极中山站建站"纪念邮资信封(JF20),南极办公室国晓港当日从北京实寄杭州

◎ 作者在 1990 年 1 月从六次队队友手中获 JF20 邮资封一枚，并于 4 月 12 日途经新加坡时经当地邮局往国内实寄

17. 极夜冬至赏邮宝

南极中山站位于南极大陆普里兹湾东南岸,长城站则位于南极半岛顶端的乔治王岛,两者隔南极大陆而居,相距万里之遥。而造成两者自然环境极大差异的主要因素,则是两者地理纬度的不同,亦即与南极圈的距离,长城站在南极圈之外,而中山站在南极圈之内。由此造成中山站不仅在气候上比长城站寒冷得多,而且人们在中山站能感受到典型的极昼与极夜现象。

南极中山站的夏季时值极昼期,日长夜短。这期间,将近两个月是全白天,很适合建站劳作,想加班多干活很容易,晚上加班如同白日。可"夜"间睡觉,太阳死皮赖脸不回家,搞得你想睡睡不得,除非人困马乏,实在熬不住才行。

夏去冬来,天色逐渐变得夜长日短,一阵紧过一阵的风雪,呼啸而至,暗示漫长极夜已经临近。从5月下旬至7月中旬,有52天是全黑的极夜期。这段时间,队员中有"品位"者,看书打台球;而多数人干完活除了吃睡,一日三宝不离手:扑克、麻将、录像。偶尔也有借酒胡闹,无事生非者。寒冬极夜,冰雪冷酷,远离人间,隔绝亲情。真实的南极,绝非古人梦寻的"世外桃源",在某种意义上,说它是"精神炼狱"并不为过。体谅队友的感受、痛苦与失态,唯有同情,无可责怪。而对于有心人而言,极夜却是千载难逢的好时机。免去了往日家中柴米油盐和上班左右逢源的烦恼,不愁吃穿,更能"两耳不闻窗外事,一心只读圣贤书",岂不美哉!

中山站办公栋内,北面紧挨杂物间设有图书室,里边暂时仅有三个带玻璃门的书柜,虽达不到"藏书"的级别,倒也塞满了各类书籍,从流行武侠言情小说,至科普医卫读本,更不缺中外名家大作,只要你愿意,就够你啃上一阵子。中国四大古典名著,学生时代看过,信手抽了几本《水浒》,心里想着这下可有时间了,却每每总是看目录跳着往后翻。至于那些世界文豪类似莎翁们的巨著,还真无什么兴趣,远不如贾平凹、霍达等国产名家来得亲近和真实。这一冬,自己也学会胡乱爬

◎ 南极中山站首次越冬纪念封 1(贴票 J133 孙中山小型张),盖有中山站 1989 年 6 月 21 日南极仲冬节纪念日戳

格子,除了想好的几篇论文之外,写写日记或回忆录之类尚能坚持。至于说想恶补"文学欠账",这辈子既不现实亦无可能,但边学边写,提高一下文笔还是应该的,总不能让人家翻开你书的第一页就随手扔掉吧。

◎ 南极中山站首次越冬纪念封 2(贴票 J68 辛亥革命,全 3 枚)

俗话说,近墨者黑近朱者赤。既选择以南、北极为伴,自然萌生极地情节,考察队员大多喜欢收集极地邮品,即是这种情怀的体现。研究、欣赏并亲自制作极地邮品,可谓别有一番情趣与感受。本节系列图片所示中国南极中山站首次越冬考察纪念封,是笔者为本次东南极考察、中山站建站和越冬专门设计的系列封、戳之一。在贴用不同相关邮票,加盖不同纪念戳或签字等有效信息之后,使这些纪

◎ 南极中山站首次越冬纪念封3(越冬队员全体签字封)

念封成为被赋予特殊内涵和不同形式的集邮收藏品。笔者对中山站越冬纪念封、
戳的设计灵感,主要来自先前在戴维斯站的越冬体验,主题图案展现东南极大陆
典型自然地理环境的三大特色元素和色彩:亮绿色的极光、黑白两色帝企鹅和绿
色反衬中的白色冰山,同时辅以各国考察站普遍采用的橘红色高架式钢结构集装
箱模块建筑。上述要素浓缩在极夜深蓝圆空背景之中,突显苍穹无限。当年在杭
州市邮政局顾炳清老局长和市邮票公司蒋正豪经理的热情关切和帮助下,越冬纪
念封安排由杭州长征印刷厂彩色套印,数量2 650枚,除小部分供首次越冬队员使
用之外,其余由杭州市邮票公司在国内发行。

　　中山站首次越冬纪念封(尺寸 28×11 毫米),贴用邮票的选择考虑中山站建
站主题,兼顾 1989 年 10 月 9 日第 20 届世界邮政日活动,实际贴票为:辛亥革命
七十周年(J68－1981),数量 200 套;宋庆龄逝世一周年(J82－1982),数量 200 套;

◎ 南极中山站首次越冬纪念封4(贴孙中山、宋庆龄组合,2枚)

周恩来题词"传邮万里,国脉所系"(J70－1981),数量600枚;世界通信年(J91－1983),数量600枚和邮政储蓄(T119－1987),数量1 000枚。

赴青岛之前,笔者亲自前去印刷厂提货。因时间紧迫,厂里仅仅完成了印刷和裁切两道工序,还未及折、粘等后续工作。结果纪念封就以半成品交货,打包成捆,装入两个不大的纸板箱,我往自行车上一放,扎紧绳子,签单走人。直到风吼雪暴的南极冬夜,这批"毛坯"封方显尊容。于是,我停下一切其他事情,接连数日专心致志,连折带糊,将2千多枚信封加工成型,再逐一细心贴票盖戳,并特地从

◎ 南极中山站首次越冬纪念封5:绿色漏印,极光变成白色

苏联站借来圆形和方形两枚纪念戳，一一清晰加盖。

笔者在处理浙江省邮票公司转交的"首次东南极考察暨中山站建站纪念封"时，曾陆续发现一些印刷流程中产生的主题图案局部缺色的产品。从邮品研究的角度来看，具有挖掘其潜在意义的一定价值。十分有趣的是，作为中山站建站纪念封的姐妹封，首次越冬纪念封在"过筛"时亦有类似发现，尽管数量不多，却别有趣味。

建站封和越冬封，两者因加工工艺各异，其"缺色版"的成因和表现形式绝然不同。前者采用电子分色，以黄、品、青三原色和黑色，精确叠加刷色，因而，"缺色"的出现仅在试印调色之初；而后者为原始套色旧工艺，即依据图案样稿色块分别制板，分橘红、亮绿、深蓝、墨黑等四块铅板，按工序分刷套印拼图，免不了会出现色块漏印。如纪念封5所示，因绿色漏印而造成信封图案中极光呈白色，大地的冰山雪坡也失去了层次感；而纪念封6，因橘红色漏印而不见了纪念封主题词。这一枚的特殊意义在于，请越冬队长原国家南极考察委员会办公室副主任高钦泉先生亲笔为它补写了封题，成为绝世孤品。再看纪念封7，黑色漏印，导致图案中的帝企鹅离站出走，不知去向。

◎ 南极中山站首次越冬纪念封6(1989年12月7日戴维斯站邮局挂号实寄)，因红色漏印而缺失纪念封红字题头和考察站红色建筑，后由首次越冬队队长高钦泉亲笔补写

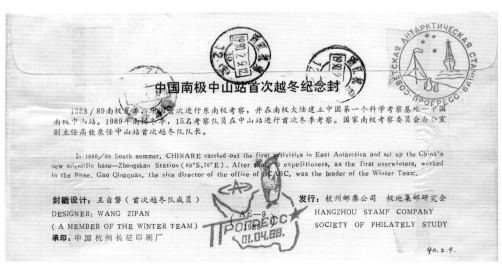

◎ 挂号实寄封封背,1990 年 2 月 9 日杭州 12 支局落地戳

◎ 中山站首次越冬纪念封 7,黑色漏印,帝企鹅离站出走

◎ 龙马精神,中山站首次越冬纪念封8,越冬考察跨越 1988~1990 三个年份

◎ 中山站首次越冬全体合影(国家邮政局黄山迎客松邮资片加印,盖中山站日戳和南极纪念戳)

18. 复兴先驱有逸仙

历史长河浪淘沙,秋春潮涌荡海沧;民族兴衰铸乾坤,事在人为看上苍。

1989年,在地球演变史上,连一眨眼的瞬间都够不上,但在人类社会发展的长卷中,却绝对算得上是浓墨重彩的一年。国际政治板块的持续动荡,终于引爆世界崩裂的大地震。东欧集体变脸,北方帝国解体,颜色革命泛滥,西魔弹冠相庆。一时间,苍穹妖风起,坊间群蛇舞;涟漪殃华夏,燕山云压城。

◎ 南极中山站中山纪念堂(国家邮政局黄山迎客松邮资片加印,盖中山站日戳及南极纪念戳)

1989年,拉斯曼丘陵的冬夜,暴雪狂风不止,极光女神不现[1];冰凌四壁刺骨,夜幕令人窒息。九州情势变幻,念挂父老妻儿;百姓心焦如焚,情系家安国盛。

中山站办公栋站长室的对面,尊为孙中山先生纪念堂所在,是队友们谈家论国的常去处。在这风云变幻,时局动荡之际,兄弟们身南望北,为国担忧。敬民族复兴先驱,凝视中山先生像,安能佑我中华乎!

----

[1] 1989年南极冬夜,中山站四月下旬起极光几乎未现,新建的宿舍供暖和保温不佳,冰凌四壁,寒冷至极。

◎ 美国 1961 年发行孙逸仙肖像邮票(中华民国 50 周年首日封)

近代中国经济始终不能脱胎于小农和小资(家庭作坊)混合自然经济模式,扼制了大规模生产经济的形成,致使国家长期处于短缺经济状态。这是导致近代中国贫穷积弱、备受列强欺凌之根本原因。

◎ 中国邮票 J115,纪念林则徐诞辰 200 周年,虎门销烟

而相对开放较早的欧美列国,先于中国完成工业革命,在寻找世界新市场推销其过剩产品的同时,积极寻找资本再生产所需之廉价劳动力和自然资源,他们将殖民扩张的目标,对准了世界剩余的资本主义处女地——经济落后而人力资源丰富、自然资源基本尚未开发的亚洲,尤其古老的中华大地,自然成为西方帝国主义侵略的首选地之一。外国殖民侵略与掠夺,加深了中国政治腐败与经济衰败,中国经济与社会被推向崩溃的边沿,人民陷于更加赤贫的深渊。

首日封 F.D.C.

浙江省杭州市凤起路

杭州市集邮协会 收

北京市和平门邮政支局集邮厅　　邮政编码：　100051

◎ 中国发行辛亥革命百年纪念邮票小型张首日封

◎ 香港发行辛亥革命百年纪念邮票

　　正是革命先驱孙中山先生领导辛亥革命，以武装起义推倒千年封建帝制。从这个角度来看，辛亥革命是中国自秦一统之后直至近代，我国发生的一次历史性转折。这一重大历史变革，不仅改变了中国社会，也极大地影响了中国与周边国家的关系，并最终再次改变东西方世界格局。

◎ 南京发行纪念孙中山先生诞辰 120 周年纪念信封

孙中山先生最先提出民族复兴与振兴中华的伟大号召,并精心设计了中国现代化的蓝图,提出中国应该统一,应追上世界的发展,并"驾乎欧美之上"。他提出的"民族、民权、民生"就是实现民主共和与民族复兴伟业的行动

◎ 美国发行孙中山先生与三民主义纪念邮票

纲领与施政方向。"天降大任于斯人也"。1911 年中国国民党(原中华党)和 1921 年中国共产党先后成立,这原本是上苍赐中山先生实现民主革命和强国富民理想的左臂右膀。1924 年中山先生主持召开中国国民党第一次全国代表大会,提出了著名的"联俄联共扶助工农"三大政策,并改组了国民党,吸收大批中国共产党的优秀分子入党,开启了国共两党合作的大门。随后,两党的联合与斗争,竟演绎成 20 世纪继而 21 世纪人类文明史上震天地、泣鬼神,最为宏伟罕见的中国现代历史悲喜剧。

孙中山先生力主民族平等,他提出的"五族共和"主张,为"中华民族"新概念的形成奠定了基础。用中华民族概括中国境内各民族的和睦相处，共同发展，无厚此薄彼之嫌。"中华民族"概念的提出，极大地推动了全国各族人民的团结与合作，为中国这样一个多民族大国的政令统一与安邦定国，提供了厚实的理论基础，其历史与社会意义极其深远。民国至今，中华民族的称呼为全国各民族人民所接受。民族平等与全国一家成为孙先生留给现代中国人的珍贵遗产。

◎ 邮票图说中国从落后贫弱走向复兴，重建昔日辉煌，实现中国梦的历史缩影（图中邮票为 J1999－20 世纪回顾，全套 8 枚，中左 1 为 J1994－6 黄埔军校）

　　中山先生开创的中国新政治理念与思想，有力推进了社会进步，引导了新文化运动和五四运动，催生了中国国民党和中国共产党的诞生，也催生了社会主义的新中国。在毛泽东继而邓小平等为核心的共产党人带领下，中华人民共和国 60 余年的成长与高速发展，已经取得经济、科技、国防等综合实力的全面腾飞，终于初现中华复兴，重新确立了当今中国作为世界大国的应有地位。

中国南极中山站

孙中山纪念堂

◎ 南极中山站中山纪念堂自制封,孙先生半身雕像由中国国民党革命委员会赠送

109

19. 国之瑰宝宋庆龄

在缅怀中国民主革命伟大先驱孙中山先生的同时，我们不会忘记中国人民心中的另一座丰碑，一位被国共两党都尊为"国母"的伟大女性，宋庆龄同志。

宋庆龄是近代至现代中国最有个人特色的杰出政治家。孙中山在世时，她是孙先生革命事业的忠实追随者和得力助手。孙中山去世以后，她更是孙先生政治主张的继承人。1926年1月，宋庆龄当选为国民党中执委委员，并成为当时革命政府中的积极活动家。她坚定维护和坚守"联俄、联共、扶助农工"三大政策，坚信中国人民终将遵循孙中山的道路，达到革命的最后目标。

1927年国民党右派在上海发动清党，血腥对待曾经的同志与战友，并导致第一次国共合作的破裂。宋庆龄坚决捍卫中山先生的三大政策，反对清党，痛心之至并于7月14日在武汉发表了《抗议违背孙中山革命原则和政策的声明》，从此与蒋介石分道扬镳。7月15日，武汉汪精卫发动清党。中国共产党被迫发动南昌武装起义，当时她虽人不在南昌，但仍与周恩来等25人组成革命委员会并被推选为7人主席团成员。为了进一步探求革命道路，实现孙中山的遗愿，宋庆龄于8月份毅然出走赴苏联莫斯科，受到苏共主要领导人的接见，并与加里宁夫妇结下了浓厚友谊。1931年8月，宋庆龄因母去世回到上海，不日再次发表声明指出"国民党作为一个政治力量已经不再存在，已经灭亡了"。她拒绝为国民党右派工作，并不断揭露反动派背信弃义，堕落成为背叛革命、勾结军阀、欺压百姓的腐败政府之本质。

1932年12月，宋庆龄与蔡元培、鲁迅、杨杏佛等人在上海组织了"中国民权保障同盟"。在长期的白色恐怖中，宋庆龄以其崇高威望并通过广泛的社会活动，

中国邮政明信片
Postcard
The People's Republic of China

Dome A
2004 2005
CHINARE XXI
中国第21次南极考察·南极冰盖昆仑科学考察纪

第21次南极考察·中山站
2004 2005
CHINARE XXI

中国南极中山站
2005.02.26
THE ZHONG SHAN STATION

◎ 孙中山与宋庆龄 1916 年 4 月补拍结婚照（国家邮政局黄山迎客松邮资片加印，盖中山站日戳及纪念戳）

坚持不懈与反动派展开各种形式的斗争。尤其是，她不顾特务的严密监视和极为困难的处境，始终做共产党可信赖的忠诚朋友，并利用自己的特殊身份，积极营救遭反动派追捕与迫害的，包括许德珩、邓中夏、邹韬奋、陈赓、廖承志、丁玲和救国会"七君子"等在内的大批革命者、爱国志士和共产党员。

1936 年 12 月发生西安事变。宋庆龄立即再次提出"国共合作，一致抗日"的主张。抗战期间，宋氏三姐妹多次联合，共同现身公众场合，以示"团结合作"，动

◎ 宋庆龄个性化邮票,展示了宋庆龄继承中山先生遗志,为民族复兴伟业献身的伟大革命生涯

员全国力量积极抗战。

　　新中国成立,她以极大的热情歌颂革命的成功与国家和社会的新气象、人民的新生活。而最难能可贵的是,对于新中国的不幸遭遇,宋庆龄同志深感痛心,也

◎ 宋庆龄基金会邮资片 JP107(1－1)(2002)实寄片

◎ 国之瑰宝——中华人民共和国名誉主席宋庆龄逝世一周年纪念封(上海)

◎ 中华人民共和国名誉主席宋庆龄逝世一周年首日封(北京)

始终保持了一个坚定的政治家所应有的清醒头脑,并以坚决的态度予以抵制,拒绝趋炎附势,不做违心之事。

宋庆龄同志明辨是非,坚持真理,面对强权刚正不阿,坚守自己的革命信念与政治理念,一直到她停止呼吸。

宋庆龄在近七十年的革命生涯中,坚强不屈,矢志不移,英勇奋斗,始终坚定地与党和人民在一起,为中国人民的解放事业,为祖国的和平统一,民主与进步而殚精竭力,鞠躬尽瘁,做出了不可磨灭的贡献。她深受中国人民、海外华人华侨的景仰、赞誉和爱戴,并享有崇高的威望。

中国共产党的领袖们毛泽东、周恩来、刘少奇、朱德等,一向视宋庆龄为自己的同志、亲密战友、无产阶级先锋战士。1949 年中华人民共和国建立,宋庆龄同

◎ 中山站首次越冬纪念封，贴 J82 宋庆龄逝世 1 周年邮票

◎ 宋庆龄诞辰百年邮票，1993 年发行

志当选为中央人民政府副主席；1954 年当选为全国人民代表大会常务委员会副委员长；1959 年和 1965 年当选为中华人民共和国副主席；1975 年再次当选为全国人民代表大会常务委员会副委员长。1981 年 5 月 16 日全国人大常委会决定授予她中华人民共和国名誉主席称号。

作为二十世纪一位伟大的女性，在百年历史进程中，她为继承和捍卫孙中山

◎ 孙中山与宋庆龄上海故居纪念封，加盖南极中山站纪念日戳

的革命遗愿,为民族解放,为创建新中国,为保卫世界和平、促进人类的进步事业,立下了不朽的功绩。宋庆龄作为中华人民共和国卓越的领导人,杰出的有国际影响的社会活动家,她的名字不仅为海内外的华夏子孙,而且为众多的国际友人所铭记。宋庆龄是我们中华民族的骄傲,是国之瑰宝。

20. 五女传书落冰洲

这次赴南极越冬,携带的行李中除了科研资料,还有一堆各式封、票和资料,目的是欲借漫长极夜逐一研赏,以资丰富邮识。这其中,自以为最需搞明白的问题就是:何为邮政,何来邮票,以及何以集邮等等。

简单说来,邮政就是为各处异地的私家或公务单位实现通信联系提供特殊服务

◎ 英国 1840 年 5 月先后发行黑便士邮票(上)和蓝便士邮票(下)

的专门机构,而邮票即是这一服务过程中所使用的特殊有价证券之一。至于邮政、邮票与集邮,三者之间的关联和互动,却远非只言片语所能阐述清楚。

当人类文明发展的历史车轮进入十九世纪中叶,随着世界近代经济结构的变革,以及人们社会活动与文化生活的进步,逐渐形成对更加便捷的信息沟通与传递方式的迫切需求,于是,新的专门化的近代邮政业应运而

◎ 中国发行"万国邮联"成立 120 周年纪念小型张,图案为瑞士伯尔尼邮联总部广场"飞人环球,传递书信"雕塑。

生。这种以官办为主体的邮政机构,同时为官方和民众进行有偿服务,成为公函和私信传递的主要渠道和方式。近代邮政业的形成和付资邮递,尤其,相应邮资凭证的出现与使用,可以说是人类文明与社会发展进入新阶段的重要标志。

1840 年 5 月 1 日和 8 日,英国先后发行了由"邮票之父"罗兰·希尔发明的世界上最早的邮票黑便士和蓝便士。邮票的使用有效地维护了邮政资费的收入,确保邮政业务得以正常营运和扩展,各国群起而效仿。随之,世界邮政业的发展步入快车道。各国邮政接连发行大量精美的邮票,为广大民众所喜爱,为收藏家们所争相寻觅,不仅推动了世界性集邮热,同时也培育了各国的集邮

◎ 各国发行万国邮联纪念邮票(1)

爱好者、集邮组织和集邮文化活动。1862 年,英国出版了世界上第一册指导集邮的书籍《邮票收集者指南》;同年 12 月,英国利物普发行了世界上最早的集邮杂志《集邮者评论和广告月刊》。

◎ 各国发行万国邮联纪念邮票(2)

1874 年 10 月 9 日,22 个国家的邮政部门代表云集瑞士首都伯尔尼,签署了第一个国际邮政条约《伯尔尼条约》,并成立协调各国邮政事务的国际组织:"邮政总联盟",四年后更名为"万国邮政联盟(Universal Postal Union)",即 UPU"万国邮联"。"UPU"与《伯尔尼条约》的出现,其本

意即为加强邮政业的国际合作,确保国际邮件全球传递的安全与通畅。

1900 年"万国邮联"成立 25 周年之际,在瑞士伯尔尼总部广场竖立起一尊雕塑,展示的是代表五大洲不同人种的五位女信使,环球飞传书信的生动造型。同时,采用雕塑上部"五女传书"的平面图案,作为万国邮联的徽志。1969 年在日本东京召开的第 16 届万国邮政联盟大会上通过决议,将 10 月 9 日确定为"万国邮联日",以方便各会员国更好地组织各种纪念活动。在 1984 年万国邮联第 19 届大会上,"万国邮联日"更名为"世界邮政日"。为了进一步加强世界邮政的国际合作,1978 年 7 月 1 日,"万国邮联"正式成为联合国旗下国际邮政事务专门机构。

◎ 中国清廷 1896 年 3 月发行大龙邮票

1896 年 3 月 20 日,清朝光绪皇帝批准开办大清邮政官局,中国近代邮政由此诞生,同时发行中国第一套邮票即大龙邮票。1906 年(光绪三十二年)清政府改革官制,中央政府设邮传部,下设邮政局,专责管理全国邮政事务。宣统三年(1911 年)5 月 30 日成立邮政总局,从此邮政脱离海关。1914 年 3 月 1 日中国加入万国邮联,1999 年 8 月 23 日至 9 月 15 日,中国成功举办了第 22 届万国邮联大会。2004 年 9 月在罗马尼亚布加勒斯特举行的第 23 届万国邮联大会上,中国黄国忠先生当选万国邮联国际局副局长,实现亚太地区候选人当选联合国邮政机构高层职务零的突破。

◎ 中国发行第 22 届万国邮联大会暨 99 世界邮展组委会纪念封(PFN-80)

为了更好地发挥现代邮政对推进各国政治、经济和文化发展的特殊功能，及其加强世界人民友好联系的纽带作用，万国邮联执行理事会自 1980 年起，每年为世界邮政日选定不同的宣传主题，例如，1981 为"邮政无边界"，1982 年为"合作与发展促进万国邮联"，而 1987 和 1988 年的主题词，分别为"邮政向距离挑战"和"邮政永远存在，遍布各地"。

◎ 德国 1984 年发行纪念第 19 届万国邮联大会（汉堡）小全张，其中第二枚邮票图案为万国邮联创始人斯特凡肖像

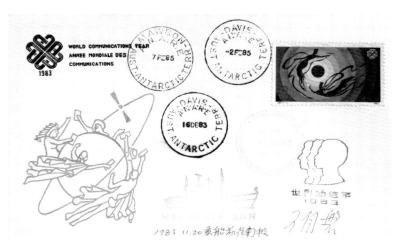

◎ 1983 年世界通信年首日封（浙江省邮票公司发行），封左下采用了"万国邮联"徽志图案，1983 年 12 月 9 日南极莫森站邮戳和 1985 年 2 月 7 日莫森站邮戳，记录了笔者登陆与离开南极大陆的时间，共计长达 14 个月。

◎ 1987 年世界邮政日主题纪念封（浙江省邮票公司发行）

◎ 1988 年世界邮政日主题纪念封（浙江省邮票公司发行）

◎ 南极中山站 1989 年世界邮政日纪念
戳图稿

1989 年正值我国南极中山站首开第一年。在这人迹罕见却又与人类生存安全密切相关的南极洲，与地球世界各地共同欢庆第 20 届世界邮政日意义非凡。为此，极地集邮协会在赴南极之前，特地设计制作了这枚专题纪念日戳。纪念戳图案以南极洲地图为底图，利用南极半岛东侧与南极大陆西部的地理空缺部位，嵌入国际邮联标志"飞人传书"图案，图中的五角星位置即为中国南极中山站。图案整体布局结构紧凑，主题清晰明确，并与而后从国内转来的 1989 年世界邮政日宣传主题："邮政,你的全球合作伙伴"十分贴切合拍,蕴意深刻。这是在远离人类社会的地球之底——南极洲,首次进行 UPU 纪念活动和使用"世界邮政日"纪念戳。

◎ 中山站 1989 年"世界邮政日"封(1),贴票 J91(1983)世界通信年

◎ 中山站 1989 年"世界邮政日"封(2),贴票 J70(1981)周恩来题词"邮传万里"

◎ 朱学范同志书 1988 年《世界邮政日》主题词"邮政永远存在，遍布各地"纪念张，纪念张图案为"梅来芳舞台艺术"（无齿票），背景图案为世界各大洲代表性建筑

◎ 朱学范同志书 1988 年《世界邮政日》主题词纪念张背面，盖有 1989 南极世界邮政日纪念日戳，南极中山站和苏联进步站等戳记

21. 中山邮路大起底

从严格意义上讲,我国南极中山站邮局设置的第一天起至今,从未正式开通过邮路。中山站建站以来,曾有过两次经国家邮政部门批准而设立邮政局,但两次设局均未开展正常邮政业务,而仅仅提供了有限的南极集邮服务。不过,其中2009年1月中山站第二次设立邮政局期间,有关部门采用变通办法,满足了国内集邮者期盼南极实寄集邮品的愿望。

◎ 1989 年 2 月南极中山站建成,国内寄往中山站的邮件因邮路未开通而被退回

通常进出南极中山站的邮件,包括从国内或世界各地寄往站上,或者从中山站出去的邮件,都需经邻近戴维斯站邮局转递。戴维斯站建于 1957 年,其邮局开展正常邮政服务,该站与中山站直线距离约 80 公里,是中山站进出信函邮件或邮包的唯一中转站。两站互往交通工具除了双方考察船之外,主要为直升飞机。

就目前情况而言,所谓探究中山站邮路,实际上相当程度上讲的是戴维斯站的邮路。每年南极夏季,澳大利亚南极局经霍巴特港与所属各南极考察站之间,通常有8个航次的往返航班,依托2~3艘南极支援船只实施通航,航次日程信息均会提前公布。戴维斯站邮局的正常邮政业务范围包括平、挂信函与各类包裹,与其国内普通邮局无异。

◎ 上世纪 80 年代期间澳大利亚南极局南极航班主力之一"冰鸟"号南极抗冰船(DDA 明信片)

笔者依据收集到的各类邮件,邮封上加盖的邮政戳记等信息,分析各地邮件进出南极的邮路有以下环节:1. 澳大利亚邮政系统,包括墨尔本国际局、霍巴特市局和金斯顿区域局;2. 澳大利亚南极局(AAD)邮件传送系统即邮件处理部门、通往南极考察站之间的定期航班、南极考察站邮局;3. 任何事实上可能造成邮件经戴维斯站转中山站,或直接停靠中山站的世界各国船舶邮政传递过程。

当今信息时代,手机与网络等现代通信方式基本取代了传统的信函通信。不仅年轻人,即便是上岁数的老年人,也很少提笔书写,而是赶时尚学着发短信、收邮件,先前"家书抵万金"那种书信情感交流,日渐成为历史的记忆。然而这一切,对于上世纪八九十年代的人来说,则完全是闻所未闻,不可思议的事情。

◎ 盛老寄往南极的航空挂号信,封背: 澳洲塔州霍巴特市局挂号件邮戳(上左二圆戳 84 年 10 月 16 日),
塔州-7150-金斯顿邮局(上右二圆戳 84 年 10 月 17 日)以及南极戴维斯站(上中圆戳 84 年 12 月 4 日)

◎ 从戴维斯站寄回国内 R5211 挂号件,正面首日封销票戳: 澳大利亚南极领地戴维斯
1985 年 2 月 1 日。封背: 补邮资 1. 10 澳元及戴维斯邮局销票(左上圆戳 1985 年 2 月 2
日),霍巴特市局邮件中心(右上角蓝圆戳 1985 年 2 月 19 日),墨尔本市局(右上黑圆戳
1985 年 2 月 20 日),杭州 5 支局(右下小圆戳 1985 年 2 月 27 日)

1984年我在南极戴维斯站越冬时,曾收到著名集邮家盛澄世老先生从国内寄来的航空挂号信(R.0445)。邮件于10月10日杭州市1支局投寄,当月16日抵达澳大利亚塔州首府霍巴特,次日即至澳大利亚南极局所在地金斯顿,前后仅1周时间。然而,信件最后抵达南极戴维斯站是在12月4日,包括等待航班及海路航程在内,共计耗时46天。实际过程是,当年南极局有"奈拉顿"号和"冰鸟"号两船共8个航次往返南极。第一航次"奈拉顿"号于10月17日离港,盛老的邮件晚了一天未赶上趟,而第二航次恰逢"冰鸟"号船不停靠戴维斯站,因而,信件只能在第三航次11月3日随"奈拉顿"号船离开霍巴特航向南极。随后,因海上冰情严重,船只较原定计划(11月29日)又多耽搁了5天,于12月4日才抵达戴维斯站冰缘,足见南极海路通信之不易。

笔者曾在戴维斯站邮局购得新发行的澳属南极领地南极景观邮票系列I组首日封,并以挂号邮件(R No. 5211)寄往国内。封背所盖沿途各地邮局日戳:1.南极戴维斯站邮局(1985年2月2日);2.霍巴特市局邮件中心挂号件受理(2月19日);3.墨尔本国际局(2月20日);4.杭州投递5支局(2月27日)。从反方向验证了其邮路基本与前面盛老先生的航挂件邮路基本一致。该邮件从南极站邮局收寄之后,经历了南极海路、澳洲陆路与国际航空,至中国国内投递局,全程用时仅26天。南极跨国邮政业务,如此高效的邮件接力传送,这在南极邮政史上非常罕见。

俗话说,赶早不如赶巧。事实上 RNo. 5211邮件于2月3日即随第六航次"冰鸟"号船离开戴维斯站。就在同一天,笔者也结束了戴维斯站14个月之久的越冬生涯,随船撤离。"冰鸟"号在短暂停靠莫森站之后,于7日晚启程,告别南极踏上归途,并昼夜兼程,于18日夜间到达霍巴特港锚地。翌日上午,海关验毕,考察队员鱼贯登岸,重返缤纷世界。忽然,码头上一辆封闭式红色面包车掠过眼前,经与船方证实,正是霍巴特市局邮政车,本航班从南极带回须转交市局的邮袋,已直接接走。也就是说,RNo. 5211邮件会在当天进入市局邮路。

再一例,1989年10月7日,瑞士邮友阿瑟给正在南极的笔者寄一挂号信(R 601)。该邮件经澳大利亚墨尔本国际邮件中心转至塔斯马尼亚州府霍巴特邮件中心,第11天(10月17日)抵达澳大利亚南极局所在地金斯顿邮局。据1989～1990年度南极航船计划,第一航次的"冰鸟"号船已在一天前(10月16日)离港,而第二航次"极地皇后"号船不去戴维斯站。因此,信件只能等待第三航次(12月

◎ 瑞士寄往中山站的挂号件,封面销票戳 1989 年 10 月 7 日(上中);封背墨尔本国际邮件中心 10 月 12 日(下中方戳);霍巴特邮件中心特别服务处 10 月 16 日(下中圆戳);金斯顿邮局,10 月 17 日(左上)

13 日)由"冰鸟"号带出,后经 17 个昼夜的海路行程,"冰鸟"号赶在新年元旦前夕停靠戴维斯站。此例中邮路类同,只是墨尔本市局分设了国际邮件中心,霍巴特市局也分设了邮件

◎ 墨尔本市局 1985 年邮戳(左)与 1989 年分设国际邮件中心新戳(右)之比较,邮编: VIC 3000

中心,分别启用新邮戳。纵观以上,理清戴维斯站的邮路,实际上等同摸清中山站邮路的来龙去脉。

　　船只的到来,使全站兴奋而忙碌,卸货装货,人车穿梭,新老队员也急于交班,况且又赶上吃年夜饭,因此,站里站外一下子变得热闹非凡,却秩序井然。作为戴维斯站曾经的老队员,我应邀于前些天已由他们的直升机接到这里。因为人多事多,管理员拆邮包的事儿便无暇顾及,吃罢丰盛的年夜饭,接着又喝又唱的闹腾个

◎ 昆士兰州布罗德海滩经南极戴维斯站转寄劳基地的优先递送邮件,正面(上)贴有特殊邮资已付标签,封背盖有多个不同形式的日戳:布罗德海滩4218邮局,1989 年 11 月 16 日上午 5 时接收(左下角大圆戳),16 日 19 时送达黄金海岸邮件中心(右上大圆戳)、17 日 15 时霍巴特邮件中心接收(左上大圆戳),金斯顿邮局 11 月 20 日收到(右下二,小黑圆戳)等

没完,直到次日凌晨,邮局管理员方得空开拆邮袋分发邮件。这一下,又引爆了新一轮疯狂:熬过漫长南极冬夜的老队员们迫不及待,一个个手捧家书或寄来的物件,有笑的哭的,也有按捺不住狂奔发泄的,不一而足。一旁的新队员见此情景,颇感莫名其妙,一脸的木讷。一些属于中山站以及劳基地的邮件,管理员早已收拢一起捆扎好撂在一边,等有人去劳基地或中山站时带过去。

　　笔者收集到由澳洲本土昆士兰州寄往南极戴维斯站转劳基地的优先递送邮件(相当于快件)。邮件正面(图上半部)左下角贴有"优先邮资已付"标签,印有紫色四斜杠和大写英文字 PRIORITY PAID,及航空信件戳记。右上贴有近期发行的澳大利亚南极领土邮票 3 枚,面计值共 1. 78 澳元,销票日戳,布罗德海滩邮局(邮编:昆士兰 QLD. 4218)1989 年 11 月 16 日。封背(图下半部)所盖的多个戳记,详细记录了沿途邮路信息: 11 月 20 日送达澳大利亚南极局所在地金斯顿邮局,12 月 13 日搭载前往南极的航班"冰鸟"号船离开霍巴特港,1990 年元旦前夕送达南极戴维斯站,之后,等待机会由直升机送往 80 公里外位于拉斯曼丘陵的劳基地。此件提供了类似快递邮件传送的完整过程,这是在普通邮件中难以寻觅到的有效信息。

笔者曾另获一从澳洲本土寄往戴维斯站的普通信函,为分析邮路提供又一重要物证。该邮件正面第二行手写英文字为:ANARE(澳大利亚南极考察队缩写)DAVIS(戴维斯站)。信件于 10 月 13 日进入达博邮局(Dubbo,上中小圆戳),10 月 17 日到达澳大利亚南极局(金斯顿)。与前述邮件相似,该邮件未赶上于一天前离港去南极戴维斯站的航班,只能等待第三航次即"冰鸟"号从南极返回后的下个航程。邮件最终于 1990 年元旦前夕送达戴维斯站。此封亮点在于"南极局收件戳(红色大圆戳,时间转动可调)",由此证实,在南极局内有一个职能部门,承担对所有送往南极的邮件进行分检,并依据不同目的地考察站重新打包、封袋的职能,再归入合适航班的集装箱内,适时装船送往南极站。

◎ 澳南极局内邮件处理部门收件戳(右下红色大圆戳,箭头所指为收件时间点)

杭州集邮家汪以文先生曾从国内实寄一西湖小型张邮票首日封至南极中山站。邮件自 1989 年 11 月 25 日寄出,10 天后到达塔斯马尼亚州金斯顿南极局,赶上第 3 航次"冰鸟"号船于 12 月 13 日离开霍巴特港,12 月 30 日傍晚抵达南极戴维斯站,加盖该站 1990 年 1 月 1 日邮戳,前后耗时 37 天。

◎ 汪以文从国内经南极戴维斯站转寄中国中山站的西湖小型张首日封

在中山站建站期间,中国极地研究中心(上海)钱嵩林先生曾给笔者寄来一普通航空函件。邮件为上海邮票公司新年发行的庚午年首日封,封面英文打印注明:经由金斯顿邮局和南极劳基地站转交中国中山站。上海收寄日期为 1990 年 1 月 6日,当月邮件到达澳洲南极局,并于 2 月 2 日搭载第 6 航次"冰鸟"号船离开霍巴特港,航途顺风顺水,到达戴维斯站为 1990 年 2 月 18 日(日戳为准),前后耗时 43 天。

◎ 国内经南极戴维斯站转递实寄中山站的庚午年首日封(上海邮票公司)

劳基地相距中山站不足 2 千米，因平常无人驻守，因而信件会直接从戴维斯站送交中山站。而信件从戴维斯站转交中山站的过程，时间不确定性很大，主要取决于两站当时是否正好有人员往来。

1988—1989 年度，全世界高度关注中国在南极大陆建设首个科考站，"极地"号遭遇特大冰崩险情和考察队战胜困难成功建站等颇具传奇色彩的消息的散布与报道，使中国南极中山站一夜之间"誉满全球"。对各国集邮爱好者们来说，开局之年不啻是丰富自己极地集邮收藏和增加中国特色极地邮品的极佳时机。有关中山站邮局的设立与关闭时间，公开的信息同样是 2 月 28 日至 3 月 5 日。对于那些经验老到的欧美极地集邮者们来说，机遇难得，自有绝招。他们凭借经验

◎ 意大利（上）、西班牙（中）、美国（下）等欧美国家极地集邮爱好者经戴维斯站实寄中山站的邮件

与事先获知的航班信息,早早开始利用澳大利亚南极航路,纷纷将邮件寄往戴维斯站或劳基地,并注明转送中国南极中山站收。

这一期间,笔者收集到从戴维斯站转来部分欧美集邮者寄给中国中山站的邮件,分别为来自意大利(上图)、西班牙(中图)和美国(下图)等地。邮件大都在1989 年 10~11 月间从各自国家寄出,集中随第三航次"冰鸟"号船于 12 月 13 日离开霍巴特港,又同期到达戴维斯站(1990 年元旦前夕)。因为均属普通信函,故信封上留下的邮路信息有限,除各自所在邮局收件日戳之外,并无更多其他有价值的邮政戳记。

◎ 德国集邮者经戴维斯站(1995 年 10 月 29 日)寄回德国的邮件,盖有集邮者按自己意愿特别制作的中山站纪念戳(上中红戳)

◎ 德国极地集邮者从德国(2004 年 09 月 27 日)经南极戴维斯站转寄中山站的邮件,贴德国南极百年纪念"极星"号极地考察船图案邮票

上世纪 90 年代,德国极地集邮爱好者经由戴维斯站邮局寄往德国本土的邮件,常可见到一些执迷的德国极地邮友,会别具一格地自制中国长城站和中山站纪念戳。德国集邮者会委托考察人员中的邮友带往,或者自己经邮局寄往南极,经由金斯顿和戴维斯站邮局转中山站收的普通航空邮件。

另外,中山站的近邻俄罗斯进步站,自 1989 年初从冰盖下全部搬迁至与中山站相邻不足千米的现今位置,山水相连,隔坡相望。该站与国内的联系,包括海路物资补给以及通邮条件与中山站类似,虽有邮戳但未设正规邮局,与外界的邮件交换,基本依靠本国航空和海路航班往返,中山站并未与之发生邮政业务关联。而近邻原有澳大利亚于 1987 年始建的劳基地(Law Base),一直以来并无正常邮政业务营运。2006 年 2 月 20 日,劳基地由罗马尼亚人正式接管,站名改称"Law-Racovita(劳-拉柯维塔站)",迄今未设邮局,邮路无从谈起,戴维斯站邮路也不再延伸至劳基地。

随着时间的推移和我国极地事业的发展,"极地"号的退役和"雪龙"号考察船的启用,尤其,1998 年雪龙船设立随船邮政支局。之后,使经由"雪龙"号船舶邮政寄送邮件,为中山站开辟新邮路成为可能。在"雪龙"号出航期间,船上邮局可为船员和考察队员提供一定的邮政服务,包括在途经外国港口期间,依据国际邮联有关船舶邮政的相关规定,协助在港口邮局转寄邮件等。例如正常情况下,"雪龙"船往返中山站途中停靠西澳弗里曼特尔港期间,为随船人员提供上岸的机会,以便在港口邮局寄送邮件,或者直接上岸投寄"船舶邮政"邮件。只不过目前有关"船舶邮政"

中国极地科学考察船－"雪龙"号邮政支局成立纪念

CHINA'S SCIENTIFIC RESEARCH VESSEL OF POLAR REGIONS —COMMEMORATION OF THE ESTABLISHMENT OF XUE LONG POST OFFICE BRANCH 1998.7.15

SHYZP 1998-18 (1-1)

◎ "雪龙"号船邮政支局成立纪念明信片

业务,尚未为多数队员和船员所了解,故未能拓展成为雪龙船南极之行的例行邮政业务内容。另外,鉴于雪龙船的正常通邮尚受年度往返次数(仅一趟)的局限,这些年来,除了在撤回南极之前可为队员们往国内转递一次邮件之外,多数情况还只是满足极地集邮品服务的需求。

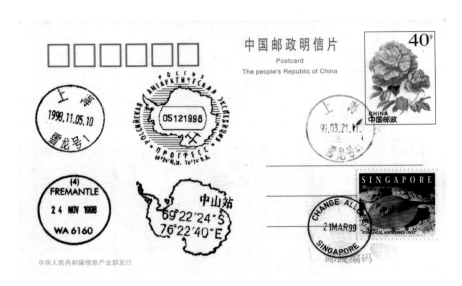

◎ 图为 1998 年雪龙船途经澳大利亚西部港口弗里曼特尔时,雪龙邮政支局日戳和相关港口邮局戳记:出航时间雪龙 1 号戳(左上角),返程时间销票戳,雪龙号 41 号(罕见,右上),弗里曼特尔港邮局日戳(左下角),俄罗斯进步站邮戳(上中),新加坡邮戳(右下)

◎ 2009 年 1 月,南极中山站临时邮局挂牌,但仅提供集邮品盖销服务,无其他正常邮政业务

2009 年中国第 25 次南极考察期间,信息产业部国家邮政局批准在中国南极昆仑站与南极中山站同时设置邮局。1 月 28 日"中国南极中山站临时邮政局"正式挂牌,并启用新邮政日戳。为了满足国内广大集邮爱好者的需求,有关邮政部门采用国家邮政局发行的普通国际航空邮资明信片"大地之春"(面值 4.50 元),在南极昆仑站和中山站两站临时邮局日戳销票,并由雪龙船带回国内,再经国内邮路实寄给订购者。鉴于我国南极考察的现状与客观条件,类似的情况与集邮品,今后还可能会出现。对此,有业内权威人士认为,可视同特定条件下邮路的一种形式,仍仁者见仁。

中国第二十五次南极考察纪念
The 25th Chinese National Antarctic Research Expedition

（中国集邮总公司系列）

邮政编码

◎ 2009 年中国第 25 次南极考察期间，设立南极中山站临时邮局，1 月 28 日，中国南极中山站临时邮政局日戳正式启用

中国邮政明信片
Postcard
The People's Republic of China

1 0 0 8 6 0

北京市复兴门外大街 1 号

国家海洋局 极地考察办公室

极地集邮协会 收

P.R. China Beijing

国家邮政局发行 （2005）
Issued by the State Postal Bureau
大地之春

◎ 由南极中山站临时邮局盖销，经"雪龙"船带回国后再实寄的邮资明信片（国家邮政局发行"大地之春"航空邮资片）

22. 历史见证盼阳光

按照国家有关部门对南极考察越冬时间段的划定,每年越冬时间为 3 月 1 日起至当年 11 月底结束。据此,首次中山站越冬任务,到 1989 年 11 月底也就算结束。实际上对我来说,无所谓度夏还是越冬。元旦前去戴维斯站,也就为采样,先是接连跑了站东北海岸几个盐湖采样点,取了水样和浮游动物样,充分利用戴维斯站的设备,每天赶回站里做实验,为正在撰写的论文补充一些数据。

◎ "极地"号船公事信封,加盖中山站纪念日戳和"极地"号"一船两站"纪念戳

1 月 6 日上午,直升机把我撂在磁岛,目的是观察岛上企鹅。后面一连几日风雪天,直升机过不来,于是,我与企鹅专家迈克一起顶风冒雪学企鹅趴在外面,等衣帽里灌满了冰雪,再奔回苹果屋里呆着,两人接着侃大山,总叹人类不如动物,只知道使用工具,而动物是千方百计改进自己,适应自然,上天入海,活得潇洒。

上岛的第五天,风势减弱,直升机接我回站。戴维斯站站长西蒙·杨一见面就兴冲冲过来告诉我说："你们的'JIDI'号船离这里很近了,很快就会到达。"正巧,澳方的"冰鸟"号船也还在附近水域。因而,接下来的事情就是陪同澳方领队、船长和站长们拜访"极地"号,以及中方新来的第六次南极考察队领队、站长和"极地"号船长们的回访戴维斯站与宴请等礼节性活动,一直弄到天黑,等回到戴维斯站宿舍,已过午夜。

11 日上午,告别了戴维斯站,直升机送我上了"极地"号。我提着行李刚进船舱不久,猛然听得船上广播响:"王自磐老师,戴维斯站来电话说站上有你的邮包,让快些去取!"

"哪来的邮包?"我心中不免一团疑雾。这不,头天还在站上邮局寄过信,怎么那个时候不告诉我!赶紧起身一溜小跑走出舱外。马上有船员手指船舷告诉说,这会儿正在放小艇,像是送人去戴维斯站参观。于是又跟艇返回站上,就这么来回折腾。上了岸,直奔休闲厅,果然,在平日分发邮件的大台子上,有个鼓鼓囊囊的大号信封袋,不过并

◎ 戴维斯站 1984 年越冬队友派伦,赠送 1990 年戴维斯站体血衫,上面印有澳、中、苏三国国旗及南极地图

非是什么邮包,上面只写了我的英文名字,没有邮递标识,也无落款地址。我匆匆拆开一看,竟是一件蓝灰色长袖 T 恤,附有一英文字条,写着:"Dear Zipan, I am sorry that could not to see you off because of my field work today. Here is a T-shirt of the Davis in this year for you. Have good luck. Bye! Pelham(很抱歉,我因在野外不能送别,现将今年戴维斯站的 T 恤衫相赠,以资留念,派伦)"。派伦(Pelham Williams)是 1984 年与我和曹冲同在戴维斯站越冬的队友。他这件长袖 T 恤衫,既是对日前所送礼物的回赠,更体现跨国南极老队友间的情谊。戴维斯站每年都有不同图案的 T 恤衫,1990 年是个特殊的年份,中山站的建成将澳大利亚、中国和俄罗斯紧紧连接在一起,国旗加南极地图,突显南极国际友谊与多国合作。

下午,去戴维斯站参观的最后一批我方队员回船,"长城"艇被吊上大船甲板,"极地"号随之起锚,朝西南方向行进。在船桥驾驶台,魏船长关切的问我:"老

王,这一冬过得怎么样,条件艰苦,你们受罪了!""还好吧,就是冷了点!"我随口应答,"集装箱改建的房子保温有点问题,一是透风,二是散热。凑合着过呗!好歹已经翻过了这一页。"老魏反应平淡,朝我"哦"了一声,又转过脸去,专注地看着前方。我猜想,他肯定心里有数,只不过不好表态而已,再说,这也不是由他管的事儿。

天色灰白朦胧,拉斯曼丘陵的轮廓,随着距离的拉近逐渐变得清晰。

又是广播通知,让我带上行李,马上登机。我急匆匆赶到直升机平台,直升机马达轰鸣,旋叶急转,领队万国铭和船长魏文良已在机舱里,等我上机坐稳了,随即起飞直奔中山站。直升机徐徐降落在办公栋与西面淡水湖之间的空地,负责迎宾的几位站上弟兄,与万领队和魏船长拥簇着进了办公栋。我则拽着行李,径直回了自己的宿舍。

接下来是新队领导与老越冬队的首次见面会。万、魏和高,握手、问好,让座毕。老高屁股刚挨着座儿就立即开火,撇牙咧嘴,猛呛极夜寒冬一个"冷"字了得,前所未有。队员们心中明白,老高是在替大家诉苦呐。这可硬把万国铭领队给愣住了,竟一时语塞,瞠目结舌,丈二和尚摸不着头脑。老魏似乎有所防备,赶紧接过话岔子,对首次越冬弟兄们发扬"一不怕苦,二不怕死"精神,经受住了南极大陆极度严寒的考验,表示诚挚的问候与赞赏等,总算圆了场。当然,这其中也因魏船长本来就有头年与大家同甘苦共命运的情分在。晚上,高队被请上了船,六次队领导全体出场,无外乎是代表海洋局领导,对越冬队在极其艰苦的条件下能挺过来表示慰问,尤其对高本人作进一步的安抚。

◎ "极地"号船首次环绕南极大陆航行从长城站至中山站。图为极地号《一船两站》航行纪念封,南极考察委员会办公室印制,编号 CJD−4 1989;实寄杭州 1990 年 1 月 23 日收到

新队度夏的主要工作,是继续头年度夏期间的未竟事业,要完成建站二期工程包括科研栋、物资仓库和车库的建设等,并针对冬季暴露出来的问题,进行修补和改进。老越冬队员按工种分插到各个班组,服从新队统一调配。1990 年 2 月 17 日,第六次队结束南极夏季考察任务,船队一起撤出中山站,留下董兆乾、秦为稼、卞林根等 18 人越冬。另应澳大利亚南极局的请求,协助澳方转运部分考察物资,极地号再次短暂停靠戴维斯站,次日晚撤离,顺利踏上返程,并于 4 月 27 日回到上海港国际客运码头。

在随"极地"号船离开拉斯曼丘陵,停靠戴维斯站之际,笔者讨得两枚第六次考察纪念封的空白封,一枚是极地号首次"一船两站"航行纪念,另一枚是第六次队中山站纪念封,两枚封都贴澳大利亚邮票经戴维斯站邮局寄往国内,并赶上当时最后离开戴维斯的航班,即第 6 航次"冰鸟"号从莫森站撤离途经这里(2 月 27～28 日)。信件抵达霍巴特时间 3 月 11 日,经国际航空最后送抵杭州(封背落地戳 3 月 24 日)。

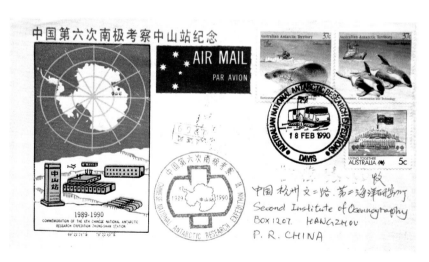

◎ 中国第六次南极考察中山站纪念封,国家南极考察委员会办公室印制,编号 CJD－6,经戴维斯站寄回杭州的实寄封,1990 年 3 月 24 日收到

返航期间,笔者也获悉一件重要的新鲜事儿,即年前随"极地"号带回国的浙江省邮票公司那批盖了戳的中山站建站纪念封,在青岛加盖邮政落地戳的同时,还前所未有地由省会级杭州市公证处进行了公证,可谓开世界集邮史之先河。据亲赴青岛参与接封和盖戳,现为浙江省集邮协会副秘书长的陆模俊先生回忆:1989 年 4 月 10 日上午 9 时许,"极地"船进港停靠码头。在欢迎仪式结束之后,

◎ 经公证的《首次中国东南极考察暨中山站建站》纪念封封背,公证戳"杭州市公证处公证,1989.4.10 于青岛",作业流水编号 021945

浙江省有关人员迅速与南极考察队联系,按协议办理了从南极返回的中山站建站纪念封的交接。纪念封被运至临时驻地"青岛邮政公寓",随即进入加盖落地戳流程:使用青岛市邮政局"山东青岛 1989.4.10.13 平信(进)"1 号戳与 2 号戳;之后为公证流程——对每枚纪念封封背加盖"杭州市公证处公证 1989.4.10 于青岛"公证戳。最后,加盖号码机流水编码戳,共记录公证纪念封 21 950 枚。参与者有张光坤、谢海清和陆模俊(浙江省邮票公司),李志成、黄寅传和蒋苏浙(原省邮电管理局),以及杭州市公证处副主任于夫德和公证员洪庆如等 8 人。次日,接封人员撤离,纪念封运回浙江省邮票公司。

《集邮》杂志曾于 1989 年第 3 期上刊登了浙江省邮票公司关于"首次中国东

◎ 浙江省邮票公司陆模俊先生在青岛驻地为《中国首次东南极考察暨中山站建站纪念封》加盖落地戳作业现场

◎ 参与《首次中国东南极考察暨中山站建站纪念封》加盖落

南极考察和中山站建站"纪念封的函购销售信息,随即全国各地集邮者汇款单似飞雪而至。同一期间,原浙江省邮电管理局接到原邮电部上级部门公函(1989年2月8日签发),规定该纪念封"除用于馈赠,不得上市出售"。这一纸公文,即刻将几万枚纪念信封从此打入冷宫。省邮票公司随即又指定专人在数日内火速将上万张汇单一一退回原处。另据传,中国集邮总公司曾计划以每枚10元外汇券的价格,收购万枚已遭封存的该纪念封用于出口,亦未获批准。毫无疑问,对于广大集邮爱好者来说,天大的憾事莫过于此,闻者无不为之扼腕。

然而，值得庆幸的是，原邮电部主管部门公函并未将纪念封"一棍子打死"。笔者以为，暂且不说下发此函必有其由，仅看其文可谓颇具智慧。这不，纪念封既可"用于馈赠"，即暗示了该封在政治与法律上并无大碍，实际上等于为纪念封在日后重见阳光开设了天窗。

光阴似箭，世纪更替；追昔思今，家国巨变。

中国之今日，改革开放推动经济的全面高速发展。纵观我国极地事业，在国家强大经济实力的支撑下，不仅南极中山站早已旧貌换新颜，而且中国也正在由极地大国向极地强国阔步迈进。

话又说回来了，当初这几万枚精心制作的专题邮品，万里迢迢漂洋过海，经历亘古未有的奇寒与冰崩雪暴的洗礼，又随船回国。不管怎么说，终究是为纪念和宣传中国南极考察首次战略大转移——进军东南极冰原与建设首个南极大陆科考站而制作，提供的是百分之百的正能量。这些邮品，无论从哪个角度来看，都是我国极地事业发展进程中具有里程碑意义的直接见证，是记录中华腾飞与祖国走向强大的历史性文献之一，也是我们民族共同的精神财富与文化遗产。相信国家有关部门会相互携手，想办法让这批珍贵极地邮品重见阳光。

23. 故地重游今胜惜

新世纪的头几年,我受极地办委托,连续进行"长城"和"中山"两站及其邻近地区的环保调研项目。其间,于 2004 年 11 月,我随第 21 次南极考察队搭乘"雪龙"号船,重返阔别十五年之久的拉斯曼丘陵。

◎ 中山站站前方向标纪念封

风啸雪寒,冰凌铁桶;山川依旧,换了时空。春来冬去三十载,脱颖而出新中山;多层结构造型新,设施齐全楼宽敞;仓储丰沛有保障,支撑科考国力强。

事实上,中山站落成后的相当长一段时间,工作重心仍然在不断强化与完善基础设施建设方面,其主要目标是夯实我国未来东南极内陆考察的唯一支撑点。多年来,维系南极与国内生命线的,一直是抗冰英雄"极地"船,老骥伏枥闯冰洲,真可谓"带病"出征劳苦功高。1994～1995 年度第十一次南极考察期间,终于实现鸟枪换炮,迎来我国第三代极地考察支援船,即购于乌克兰的 A2 级破冰

船——经改装而成的2万吨级"雪龙"号，真正意义上的极地破冰船。自此，我国不仅在极地考察的运输能力与条件保障上有了大幅提升，而且加快了中山站作为内陆科考大本营的能力建设。

◎ 中国第 11 次南极考察期间（1994 年 10 月 28 日至 1995 年 3 月 5 日）雪龙号首航南极抵达中山站，中国邮政明信片（王新民摄）

◎ 第十三次南极考察期间，中国首次内陆冰盖考察纪念封

◎ 第十四次南极考察期间，中国第二次内陆冰盖考察纪念封

中山站作为我国东南极海陆人员物资集结和战略储备的可靠大本营,也是大规模内陆考察的坚实桥头堡。与此同时,我们的站区活动范围也已从米洛半岛,向南长驱直入,越过进步站,延伸至道尔克冰川,通向白色天际。从道尔克冰川西侧延伸过来的宽阔雪坝上,红旗招展,彩旗飘飘,满眼帘一列列崭新的雪地车、大雪橇和靓丽的房式拖车。无疑,此处已成为中山站的延伸,更是我们上冰盖,进军冰原腹地的出发营地。

◎ 2005 年 2 月成功登顶 Dome - A 个性化邮票

1996~1997 年度第十三次南极考察期间,中国启动首次南极内陆冰川考察计划。第二年继续深入内陆,向南极大陆冰盖的最高点 Dome - A 方向,推进 500 千米。南极冰雪高原内陆综合考察意义非凡,不仅因为南极冰盖物质平衡及近二百年来极地环境变化研究,是解密全球气候变化的钥匙,也是展现我国经济与科技实力,跻身国际南极科学合作核心计划的关键所在。方向已定,目标明确。雄心勃勃的中国南极勇士们,脚踏实地,以壮士断腕的决心和奋不顾身的精神,一步

◎ 中国第 21 次南极考察队首次实现从地面登上南极大陆冰盖最高点(2005 年 1 月 18 日至 2005 年 2 月 7 日),十三位登顶勇士全体签字纪念封

一步走向南极冰雪高原的顶峰。终于在 2005 年,实现从地面进军南极冰盖核心区 Dome - A 的创举,让五星红旗高高飘扬在南极大陆最高点。

我国南极内陆考察的另一个重要领域,即南极陨石探寻与研究。陨石是迄今人类研究太阳系起源与演化的主要地外物质固体样品。经过连续多年的艰苦奋斗,自 1999 年 1 月至 2010 年月,我国科学家已在内陆格罗夫山—哈丁山蓝冰区收集到陨石 11 550 块,使中国南极陨石回收量即国家陨石收藏量跃居世界第三。

◎ 第十九次南极考察期间(2003 年 1 月 15~20 日),国产直 9 直升机首飞南极冰盖内陆支援对格罗夫山-哈丁山蓝冰区南极陨石专项考察活动特制纪念封

天涯若比邻,四海皆兄弟。

中国南极中山站的建成和随后陆续开展的一系列冰盖内陆科考活动,极大地推进了与澳大利亚和俄罗斯等国友邻站之间的相互联系、互相支援与合作共赢。第 21 次队期间中山站的科考项目很多,而且涉及范围大,活动距离远,无论"1∶50 万地质绘图""绝对重力测量""海冰季节变化观测",还是"阿曼达湾帝企鹅保护区考察"等,近则一

◎ 国产直 9 海豚直升机正式成为中国南极考察空中支援力量(国家邮政局黄山迎客松邮资片加印,加盖中山站日戳与纪念戳)

二十公里,远则上百公里,这些项目都得仰仗空中支援,直升机的使用频率高、强度大、时间长。雪龙船初到站时,为保证内陆考察队冰盖冲顶用油,船上150桶航空煤油全部运上了高原,给站上仅留下20来桶。12月8日,"雪龙"船去了大洋,内陆队上了冰盖。随之,中山站各项科考也迅速展开,国产"直9"海豚每日马达轰鸣,飞东奔西,成为空中主力。但是,干了没几天,航空燃油就断档,科考活动暂时陷入停顿。看着隔壁进步站的"米8"像大鹏鸟一样成天在空中突突突的转,而自己的"直9"成了趴窝的凤凰,负责项目协调的中国极地中心糜文明处长猴急得如热锅上的蚂蚁,而课题组组长们更是整天愁得就像喜儿她爹难过年关。

叶站长让我赶紧向俄罗斯站求援,对方很快送来了8桶航煤。细心的海豚机组人员觉着油桶标明的使用日期不太对劲儿。俗话说:"撑死胆儿大的,饿死胆儿小的"。尽管人家飞机照用不误,可空中安全绝非儿戏,我们不放心。俄罗斯站够朋友,二话没说拉走了横七竖八躺在中山站海滩上这8桶过期油,又换来5桶新的。于是,中山海豚又欢快地蹦跶了起来。谁知直升机真是个油老虎,这5桶油没三五天就喝了个底朝天。

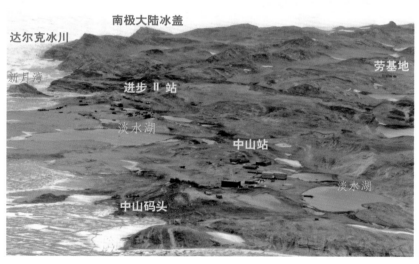

◎ 2004年12月中山站全景及其与友邻站之地理态势

俄罗斯大鹏鸟确实够牛,每天忙个不停地穿梭于艾默里冰架"友谊4"站与进步站之间,耗油量便可想而知。我们借油,而且还要挑好的用,的确很难再张口。看着老糜愁眉不展,一旁的叶站长眨巴着眼说:"要不就向戴维斯站借,让俄罗斯飞机替我们拉一趟。"主意倒是不错,可这一个来回少说也得二百公里,人家肯不肯飞还是个未知数！

　　真是无巧不成书，说曹操，曹操到。这不，赶着俄罗斯新老站长交替，正一起来到中山站窜门认邻居，叶站长急忙招呼着将来客迎入办公室。

　　俄罗斯老站长小老头一个，却办事心细，平常借个工具、物品之类可是小葱拌豆腐，总弄张纸片写个明白。今儿个上门，正是要将以前中山站向俄方借用的几样东西，当面向继任者"移交"。俄方新站长纳扎洛夫，头上带顶灰呢格子鸭舌帽，看着显然年轻，个头不高，但很壮实。他爽朗一笑，挥挥手："Ok,Ok!"举止谈吐让人一看便知是个痛快人。于是，老叶捅了捅我胳膊，叫问问借戴维斯油请他们帮忙拉回行不行，至于运费是还油或怎么结算都行。鸭舌帽又是爽朗一笑："No problem(没问题)"，略微停顿了一下又说，待我先问问圣彼得堡再定。话音未落，两人便离站而去。

　　戴维斯站那边，我建议老叶，甭管行不行先发传真过去。第二天一大早，对方站长蕾婕尔回电说，十分乐意帮助中方解决航空燃油困难，何时来拉请提前打招呼，以便接应。糜、叶闻之大喜，却又担心俄罗斯站节外生枝。晚餐后，老叶驾车与我赶紧奔进步站，并带上站里发给他个人的一箱苹果。纳扎洛夫见中国客人到访，急起身相迎。因白天刚办完交接，送走了老站长，办公室未及整理而显得凌乱，纳扎洛夫尴尬地向我们表示歉意，说日后定补请二位再来喝茶。

　　话入正题，纳扎洛夫直白地向我们解释他为何发电请示国内：因为直升机飞二百公里路程专为中国站拉油，似乎理由欠充分，但他知道眼下在内陆俄罗斯东方站，正与澳大利亚合作进行南极冰盖地球物理学考察，需要调用澳大利亚的仪器设备，而这批设备目前尚在戴维斯站。他昨天发报，就是请示派直升机去戴维斯站取回仪器，以便从这儿的冰盖机场用固定翼飞机送到东方站，这样就可名正言顺地将中方所需油料"顺便"拉回。我和老叶听罢互递眼色，难得他用心良苦。

　　一旁写字台上，白色小相框里端庄秀气的女子照片挺吸引眼球。鸭舌帽突然眼放光芒，深情地告诉说："娜嘉，我妻子。"

　　"哦！"老叶和我不约而同地赞叹一声。我顺便提醒一句，戴维斯新任站长是个女的，年轻还很能干。鸭舌帽"哇"的一声很吃惊："应该去会一会！"

　　1月19日，拉斯曼丘陵迎来又一个朗朗天。为了确保任务的顺利完成，叶加平和纳扎洛夫同机前往，也正好一起对戴维斯站作短暂访问。上午10点，进步站的大鹏鸟一阵轰鸣,腾空而起。两名飞行员端坐鸟头,而鸟肚里偌大的空间,只有纳扎洛夫、叶加平,加上我和一名机组人员,显得空荡荡。不禁令人想起十几年前中山站的风雪之日,大部队仓促撤离,当时,不也就全靠的它吗!

大鹏鸟贴近海面低空向东偏北方向疾飞,强大的气流搅起海面上一阵阵旋转的水花,如同由近及远急速离去的龙卷风。

戴维斯与中山,近在咫尺,可两地的天气,经常阴差阳错。今日里,戴维斯站上空,微风丝云,能见度极好,这预示着事情会顺利。大鹏鸟绕着站区转了一圈,选择距离机场约 200 米远,一个地面开阔的道路交汇处徐徐降落,正值戴维斯时间 12 点 40分。舷窗外,一大群人

◎ 叶加平、蕾婕尔、纳扎洛夫三位站长在戴维斯站机场边合影

相跟着朝这儿走来。习惯了"小松鼠"的戴维斯人,对大鹏鸟同样表现出一种少见多怪的模样,手上"喀嚓"不止,嘴上"唏嘘"不迭。机械师挂好了舷梯,我们仨相跟着落地,蕾婕尔站长已快步前迎,握手问候。中、俄、澳三国考察站站长难得相聚,我瞅准时机请他们合影留念。

站长们简要商定了相关事宜与作业程序,大鹏鸟先帮戴维斯站将这边 30 桶航煤运至 32 公里外的冰盖机场,而后装运地球物理测量仪和给中山站的航煤。说话间,戴维斯站机械化部队已快速行动,机械师们正驱车往返于机场和码成墙的航空油料场之间……

蕾婕尔示意我,引领两位站长前往餐厅共进午餐。戴维斯站的饮食很丰富,中、俄两位站长津津有味地品尝着丰盛的午餐。餐间,蕾婕尔告诉说,一小时之后,澳大利亚南极局租用俄罗斯的极地运输船"哥洛文"号将抵达这里,实施戴维斯站今年的物资补给,她得前去接应,特表示歉意。老叶让我问她,所借油料是否等雪龙船返回时再还她,话出一半就被蕾婕尔笑着挡了回来:"不用啦!燃油有

的是,不够再来拉!"我不由得想起中山先生所言的"大同世界"。南极真堪称模范,全世界都这样该有多好! 没有国界,没有争夺,真诚合作,和谐共赢。

　　一小时之后,大鹏鸟肚子里已被白色航煤大桶和装着仪器的大纸箱塞得满满登登,勉强留出 4 个人的坐位。大鹏鸟吃力地扇动着旋叶,飞向拉斯曼丘陵。燃油解决了,老叶开心了,中山站科考弟兄们可放心大胆地干活了。我低头望着机身下掠影而过的一座座冰山,心里直替大鹏鸟出汗:胜利在望,大鹏鸟,你可要坚持住啊!

◎ 重返戴维斯站,蕾婕尔知我集邮,不仅为我的纪念封亲笔签字,还送来不少她收到的各国邮件实寄封

24. 共筑南极中国梦

今日大中华，经济如涌潮；

江山红似火，国力节节高。

从太空俯视南极，万年冰原形似一只
宏大的白色蝌蚪。30年历程，我国先后建
成多个科考站，由冰缘至核心区，从中山
站—泰山站—昆仑站至南极点，再到西南
极—南极半岛—乔治王岛长城站，沿这一
中线梯次展开，恰如从白色巨大蝌蚪的眼
部，经高背至尾尖，四站连一线，形象体现
中国经济与科技实力的逐渐增强。尤其近
年来，我国科考队依托中山站这一桥头堡
和大本营，几番成功进军南极腹地，攀登冰
原最高峰，深度探索地球奥秘，终获硕果。

◎ 中石化为南极专供长城润滑油

饮水思源，得天独厚。我们民族极地事业得以快速发展，离不开举国体制和
各行各业的热忱支持与鼎力相助。真可谓：

长城中山凌云志，人拉肩扛成大事；

十路并进显神通，昆仑泰山好气势。

科技攀峰无止境，鸟枪换炮非当时，

合纵连横出奇招，强国路上尽雄狮。

而今，在全球自然环境最为恶劣的南极大陆中央核心区，唯有中、美、俄三强
具有综合实力建立全能科考站，构成南极大国新格局的基本态势。

毋庸置疑，在中国开天辟地的极地事业功劳簿上，闪烁着每一位极地勇士在冰雪酷寒中奋勇拼搏的身影足迹,同样也铭刻着全国百家企业的拳拳报国心,辉映着他们与考察队共度时艰、通力合作的感人事迹。

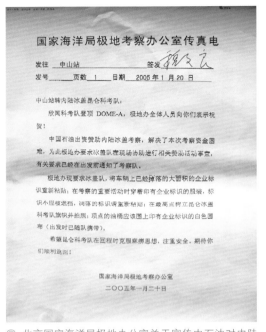

◎ 北京国家海洋局极地办公室关于宣传中石油对内陆冰盖考察有力支持的传真件

当秦大河、刘小汉等从强手林立、争夺激烈的国际极地科学会议上,将穿越南极核心区和冰盖最高点的大剖面国际计划抢到手之后,紧接着面对的是购置装备和科研经费匮乏的尴尬。正当科学家最感为难的时候,是中石油的老总们,慷慨解囊,雪中送炭,数千万元的资金无偿、快速地注入科研专项账户,大解燃眉之急。决战千里冰雪,科考队意志如钢,及时从南极核心区获取冰盖深层冰芯,并以最快的速度获得实验数据。极地冰川与全球气候变化研究最终取得辉煌成果,举世瞩目。与此同时,蓝冰区搜寻陨石突破 11 500 余块,一举将我国南极陨石保有量推向世界第三。进而,太空物质分析等多个领域取得世界级成果,让国外同行刮目相看。

为了及时确立南极中山站至内陆最高点昆仑站之间,陆上通道的畅通与物质供给的无缝衔接,泰山站紧急待建。宝钢的企业家们,以超时代发展意识和雷厉风行的工作作风,在泰山站建站计划尚在上报审批期间,就迅即作出决定,将高质量的最新彩钢产品和耐低温钢结构建材,全部无偿如数按计划送达雪龙船码头,与此同时,一支训练有素的超强技术安装队也已集结待命,只等一声令下,随即上船出征。由此,确保了我国泰山站在寥寥数月,从批文下达,到雪龙起航南下;从挺进冰原到突击打桩,一座

◎ "问鼎冰穹,扬威中华"南极冰盖昆仑考察队佩挂中石油企业标识的臂章——中国结

◎ 上海宝钢长年为考察站建设提供优质特种建筑彩钢,图为在南极冰盖高原完成泰山站建设的宝钢团队(极限明信片)

现代化全钢高架建筑迅即矗立在风雪高原。宝钢作为大型国营骨干企业,从长城站建宝钢楼,又辗转东南极扩建中山站,2009 继而跟进冰原最高点建设昆仑站和随后的泰山站。宝钢为我国走向极地强国作出不可磨灭的贡献,始终是民族南极考察事业发展壮大的强有力支持力量之一。

杭州叉车总厂当年为支援中山站建站,调集企业最优秀技工,采用优质钢材为东南极考察队打造专用叉车,命名"中山 1 号"。杭州国药胡庆余堂闻名于世,为提高中山站首次越冬人员体质,增强极夜抗寒能力,

◎ 杭州胡庆余堂为首次中山站全体越冬人员提供参参口服液

为全体队员特别配置提供全年服用的参参口服液补品。

◎ 安利产品在南极

值得一书的还有,从 2002 年至今始终如一,长期支持极地科考的安利(中国)生活用品公司。安利公司的环保理念与中国极地考察提倡的保护极地环境的主张完全吻合。安利的新型优质环保产品和营养品,始终伴随我国极地科考,年复一年,持之以恒,为中国南、北极各科考站和雪龙船,提供不同类型的优质无磷清洁剂,极大地降低了废水排放的污染处理成本,提高了排放水的合格率。同时,为在南极艰苦条件下确保队员身体素质,以及防护人体皮肤免受超强紫外光伤害,提供多种优质营养素和防护霜。为此,国家极地部门确认安利产品为极地考察唯一指定使用产品,并颁发了证书。

随着我国国民经济的高速发展,国家对海洋与极地事业的投入大幅提高,我国南极科学考察基础设施的建设也有了长足进展。最近几年,以中山站为依托,2009 年在南极冰盖高原的最高点建设了昆仑站,继而于 2014 年在靠近格罗夫山的冰原又建成了泰山站。我国极地考察的成就与变化,也在国家名片——邮票上得到充分的反映。中国集邮总公司、上海市、浙江省及杭州、青岛、武汉等各地邮政部门、邮票公司和集邮协会,伴随我国极地科考 30 年历史进程,积极向考察队与社会各界提供了许多精美极地集邮纪念品,热情而生动地宣传我国极地科学及其取得的不俗成就,支持中华民族极地事业的创新发展。

现行我国以极地为素材的诸多邮票和封、片等各类邮品,无论整体构思与图案设计,愈来愈与时俱进体现出现代极地科学的内涵与特色,同时,邮品材质与印制工艺越来越精细,更具诱人的美感,从一个侧面反映了国家整体上物质的极大丰富和技术水准的精湛跃升。作为极地事业的名片——南北极科考邮票和纪念封的发行,进一步面向社会大众,走向世界,积极宣传我国极地事业,有效促进极地科学与文化的国际合作和交流,增进人类和平与共同发展。

◎ 2009 年 1 月 27 日我国第三个南极科考站昆仑站建成纪念封（中国集邮总公司发行）

◎ 2014 年 2 月 8 日，我国第四个南极科考站泰山站建成纪念封（中国集邮总公司发行）

◎ 中国第 30 次南极考察中山站纪念封（中国集邮总公司发行）

中国崛起，中华民族的伟大复兴，将是 21 世纪人类最伟大的历史事件。中国必将从极地大国迈向极地强国，这是历史赋予的使命，也是我们实现中华民族复兴伟业不可或缺的重要组成部分，我们每一个极地人，每一位有志于发展民族极地事业的热心人和支持者，都应成为积极的参与者，而不是匆匆过往的看客。

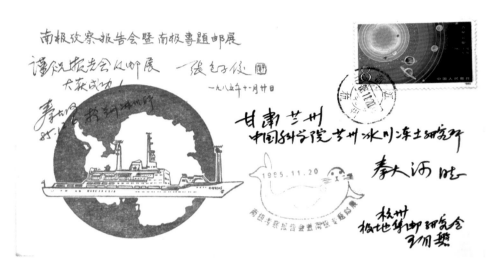

◎ 1985 年 11 月 20 日，在浙江省、市集邮协会的支持下，杭州在全国率先举办了南极报告会暨南极专题邮展，大张旗鼓宣传和支持国家南极考察，中华全国集邮联合会副会长著名老集邮家张包子俊先生为邮展纪念封亲笔题词

◎ 全国各地学校纷纷举办极地科学演讲会，极地科学家热心为孩子们讲述南极的故事，宣传极地科学，从小培养热爱祖国、热爱科学的社会主义价值观，努力为实现民族复兴伟业培养后备军（国家邮政局牡丹邮资片加印片）

后记

中国南极长城站的建立，在我们极地事业发展史上，如同天真烂漫纯美少年时代的开始。而中山站之后，进军东南极，正是中国全面登上南极宏伟国际舞台，长歌善舞，令世人刮目，展示生机勃勃的强大中国力量的辉煌时代。

与中国极地事业发展同步，从八十年代中后期开始，一支目标明确，意志坚定，特别能吃苦，特别能战斗的中国极地骨干队伍也基本定型。值得让人骄傲，更让人欣慰的是，世代相传，日新月异，随着国力的大增，我国极地机构由原先屈指可数的七八家，发展到如今二十几个省市的上百家单位。尤其，新生力量的不断注入，不仅带来了新的活力，更将当今新科技新思维，融汇到这支队伍之中，使我们的极地事业稳步走向世界前沿。

"选择极地就是选择牺牲！"这是极地人的誓言，包括我们的家人。每当我们远征冰天雪地，拼搏于恶浪和风雪之中，天各一方的父母妻儿们，便为我们默默祈祷，替我们深深担忧，时时承受难以诉说的身心之苦和诸多不便。家人们为了共同的信念和国家的强大，日复一日，年复一年地为大家而牺牲小家。我们在此，向所有的极地家人和亲朋好友们致敬，发自内心道一声：谢谢！

本书成稿过程中，得到国家海洋局极地考察办公室、中国极地研究中心、第二海洋研究所和浙江省邮票局等单位的关心与支持；原"极地"号船长、极地办的魏文良书记提出了很好的意见与建议，并为本书作序；中国极地研究中心朱建钢副书记，浙江省邮协陆模俊副秘书长，新华社资深记者张继民、张建松，著名书法家苗育田和画家杨泽明，以及南极战友叶超、薛鹏等朋友们，提供了许多有价值的信息与图片资料，为本书的问世给予了积极的帮助，作者在此一并表示衷心的感谢。

随着我们极地事业的蓬勃发展，也为极地邮苑开垦出更多美好天地。以邮纪事，以邮叙史。这是极地集邮文化的重要特色，彰显极地邮苑经久不衰的旺盛生命力。

贺自磐在南极过 60 岁生日

你爱大海，因为那里有梦想！
你爱冰山，因为它晶莹剔透！
你爱雪地，因为有你的足迹！
21 载春秋，一生的南极情结。
你早已习惯了那里的日月同起同落；
坐在海滩边的石岩上，
深情地眺望那羞红的晚霞；
倚着湖畔含情地注视
仙女们舞动那魔幻般的轻纱；
企鹅热爱你这位北方来的炎黄大叔；
无情的贼鸥也把你当成最好的朋友；
菲尔德斯拉斯曼撒满了你的深情厚意。
十个生日，十个新春佳节，
近 2000 个日日夜夜，
我的心随你起伏，思绪随你跳动，
思念、企盼，默默地耕耘着家园，
待到山花灿烂时迎你凯旋。

蕴慧　2005.01.27

◎ 电子贺卡至中山站，妻贺夫在南极度过六十寿辰（国家邮政局黄山迎客松邮资片加印，盖中山站日戳）

谨以此书敬献广大极地同行和集邮同好们，以资共飨。

鉴于笔者水平所限，本书谬误之处难免，真诚敬请读者朋友指教为盼。

笔者

2016 年 2 月 20 日

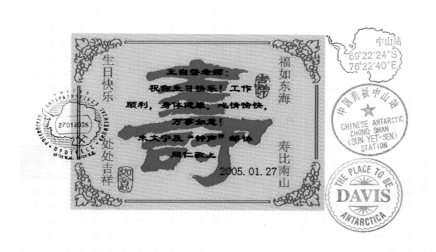

◎ 钟声集邮协会理事朱文宁发电子贺卡至中山站，祝贺笔者在南极度过六十寿辰（国家邮政局黄山迎客松邮资片加印，加南极多站日戳记）

◎ 电子贺卡至中山站，儿子祝贺老爸在南极度过六十寿辰（国家邮政局黄山迎客松邮资片加印，盖中山站日戳）

◎ 小外孙女发电子贺卡至中山站,祝贺外公在南极度过六十寿辰(国家邮政局黄山迎客松邮资片加印,盖中山站日戳)

◎ 中国首次东南极考察与中山站建站 20 周年个性化邮票

◎ 中国南极中山站和昆仑站临时邮政局设置与通邮纪念个性化邮票（2009 年 1 月 28 日）

◎ 2004 年 10 月第 21 次南极考察"雪龙"船途经中国香港期间，全船对外开放，同时举办了随船"中国极地集邮展览"，受到香港同胞好评